THOMAS DREXEL

DAS NEUBAU-BUCH

THOMAS DREXEL

DAS NEUBAU-BUCH

PLANUNG, AUSFÜHRUNG, INNENRAUMGESTALTUNG, GARTENANLAGE

DEUTSCHE VERLAGS-ANSTALT

INHALT

NEU BAUEN – GEWUSST WIE!

Planen, Bauen, Einrichten mit optimalem Konzept 8
Tipps für das kostenbewusste Bauen 9
Ein Grundstück mit Format finden 10
Vor dem Grundstückskauf: Preisliche Transparenz herstellen 11
Den Erwerb unter Dach und Fach bringen 11
Finanzierungskonzepte mit Zukunft 12
Kein Geld verschenken! Kredite mit Sonderkonditionen und andere Fördermöglichkeiten 13
Unnötige Risiken vermeiden: Die finanzielle Absicherung am Bau 15
Kassensturz: Kostenermittlung ohne Fallstricke 15
Merkliste: Aufstellung der Posten für die Kostenschätzung 16
Der Weg zum besten Architekten 17
Aufgaben des Architekten und Leistungsphasen nach HOAI 18
Bauherren und Planer als Team 18
Was kostet uns der Architekt? 19
Bauvorschriften und Baugenehmigung erfolgreich meistern 21
Bebauungspläne und baurechtliche Vorgaben 21
Besonderheiten beim Bauen in ländlichen Regionen 23
Besonderheiten beim Bauen in Wassernähe 23
Stadtnah wohnen in gewachsenen Siedlungsbereichen 25
Die Stellung des Hauses im Raum 25
Die ideale Lösung: Grundriss und Raumprogramm 26
Raumprogramm mit Weitblick 26
Barrierefrei bauen 26
Offene Räume – attraktiv und wandelbar 33
Kinderzimmer: Hell und sonnig soll es sein! 34
Vollgeschosse und Raumausnutzung 36
Rund ums Hausdach 36
Mit oder ohne Keller planen? 41
Untergeschosse mit Besonnungs-Bonus 42
Der Eingang als einladendes Element 44
Wege zum Freiluft-Erlebnis: Balkone und Terrassen 46
Auf der Höhe der Zeit: kostenbewusste und nachhaltige Hausplanung und Energietechnik 48
Die Komponenten des Energiespar-Hauses 49
Ein Passivhaus mit Öko-Bonus 50
Ewige Energie: Passive Sonnenwärme, Solarkollektoren und Photovoltaik 50
Aktiv Strom und Wärme erzeugen 53
Bester Preis und beste Leistung: die Auswahl und Beauftragung der Handwerker 54
Chance für talentierte Bauherren: Sparen durch Eigenleistung 54
Checkliste Eigenleistung: Was kann ich selbst machen, wofür brauche ich Fachkräfte? 55
Baumaterial preiswert beschaffen 56
Bauprodukte mit Kostenvorteil 57
Den Überblick behalten: Koordination und Kontrolle der Bauabläufe 58
Bauzeitenplan und Bautagebuch 58
Fehlerkontrolle und Gewährleistungsansprüche 58
Ökologisches und nachhaltiges Bauen 58
Bauprodukte aus nachwachsenden Rohstoffen 62
Wohlfühlen und Wohngesundheit 64
Bodenbeläge mit Klasse 67
Belagsarten für den Innenbereich und ihre Eigenschaften 67
Treppen als Raumkunst 70
Es muss nicht immer Putz sein – die Vielfalt der Fassadenmaterialien 73
Putz und Farbe 76
Holzfarben und Lasuren 77

WOHNKONZEPTE NACH MASS

Kreativität mit Kompetenz: Die besten Tipps für die Innenraumgestaltung 78
Vom Wohnbereich bis zum Badezimmer: Gestaltungsgrundsätze für alle Raumfunktionen 80
Interior Design, das nicht von der Stange ist 86
Tausendundeine Variation: Die Natur ins Haus holen 86
Möbel mit Bedacht auswählen und komponieren 88
Mehrzweck-Mobiliar und Ungewöhnliches 90
Individuelle Ideen mit optimaler Raumausnutzung 90
Weite und Raumgefühl – so nutzen Sie den Platz optimal 91
Stimmungsvolle Belichtungs- und Beleuchtungskonzepte 92
Farbe und Raumeindruck 95
Raumproportionen beeinflussen mit Farbe und Ornamentik 95
Kreative Farbkompositionen 96
Kreative Wandgestaltung mit Tapeten, Textilien und Holzverkleidungen 100
Stimmung erzeugen mit Wohntextilien 105

DAS NEUE GARTENERLEBNIS

Bodenqualität und Pflanzenschätze bewahren 106
Mit dem Einfachsten beginnen: Rasenanlage und Pflege 106
Das Einmaleins des nachlässigen Gärtnerns 108
Die besten Gehölze für den pflegeleichten Garten 109
Günstige Blütenpracht – fast ohne Aufwand 110
Mit kleinem Garten groß herauskommen 110
Die schönsten kompakten Gehölze für den Hausgarten 111
Der kleine Ratgeber zum Anlegen von Pflaster- und Kiesflächen 112
Vom Carport bis zum Tonnenhäuschen: Nebengebäude und Vorgarten 115
Zäune, Mauern und Hecken 115
Terrassen und Sitzplätze zum Wohlfühlen 116
Zusatz-Flair im Garten: Teiche und Pools 119

11 VORBILDLICHE NEUBAUTEN

Das Haus am Hang
löhle neubauer architekten, Augsburg 124

Das Licht-Haus am Dorfrand
Architekt Gerhard Fischill, Linz 130

Das großzügige Haus mit Pool
Stumpf + Wolfinger Architekten, Augsburg 136

Das Traumhaus in Einklang mit dem Umfeld
bembé dellinger architekten, Greifenberg 144

Der zeitgemäße Bungalow für Paare oder Alleinlebende
Architekt Gerhard Fischill, Linz 150

Das farbenfrohe Stadthaus auf beengtem Terrain
Oliver Rapp, Stuttgart 154

Das Passivhaus mit Tonnendach und Klinkerhülle
Rongen Architekten, Wassenberg (Deutschland) 160

Das Haus zum Wohnen und Arbeiten
x architekten, Linz 166

Die weiße Passivhaus-Villa mit repräsentativem Innenraum
Rongen Architekten, Wassenberg (Deutschland) 172

Das Eigenheim als Loft-Anbau – zum Leben und zum Arbeiten
architekturbüro antel | antel/Irene und Christoph Antel, Neupischelsdorf (Österreich) 178

Das Familien-Haus mit zwei Gesichtern
Dallacorte und Völkle Architekten, Ermatingen (Schweiz) 184

ANHANG

Adressverzeichnis 191
Literatur, Bildnachweis, Dank 198
Checkliste Grundstücksuche und Bauplanung 200
Impressum 204

NEU BAUEN – GEWUSST WIE!

Dieses Buch behandelt sämtliche Themen im Zusammenhang mit neu errichteter Einfamilienhaus-Architektur – sozusagen von A wie Architekt bis Z wie zufriedene Bauherren!
Angefangen bei der Grundstückssuche über planerische Überlegungen, die Entwicklung des Hauskonzepts, die Festlegung des Grundrisses und des Raumprogramms, die Finanzierung, die Vergabe und Ausführung der Arbeiten und die Innenausstattung bis hin zur Gestaltung des Gartens bleibt hier kein Thema unbehandelt, keine entscheidende Frage unbeantwortet.
Leicht verständliche Texte bilden zusammen mit ausdruckstarken Fotografien das Grundgerüst der Darstellung. Der praktische Nutzen für die Leserin und den Leser – insbesondere Bauherren, aber auch Architekten und Planer – wird durch zahlreiche Baudaten, informative Pläne (Grundrisse, Ansichten, Schnitte, Details) und Tabellen weiter erhöht. Beispielhafte Projekte für die jeweilige Bauaufgabe machen die behandelten Themen bestens nachvollziehbar und höchst anschaulich.

PLANEN, BAUEN, EINRICHTEN MIT OPTIMALEM KONZEPT

Der Bau eines Hauses ist ein Wagnis mit zahlreichen »Gefahrenstellen«. Nur mit einer von vorne herein stringenten und klar strukturierten Vorgehensweise ist es möglich, die finanziellen Belastungen auf überschaubarem Niveau zu halten und ein Gebäude mit bestem Kosten-Nutzen-Verhältnis und hohem Wohlfühl-Wert zu verwirklichen. Ein passendes Grundstück zählt ebenso dazu wie ein kompetenter Planer, ein ehrlicher Kassensturz ebenso wie eine vollständige Ausnützung aller verfügbaren Fördermittel, eine sorgfältige Vorbereitung der Arbeiten ebenso wie ihre gewissenhafte Kontrolle. Auf keinen Fall darf es in irgendeiner Phase des Bauvorhabens dazu kommen, dass die Planung etwa aus Zeitnot oder aus Gründen der Familienplanung über den Haufen geworfen und durch unzureichend durchdachte ad-hoc-Entscheidungen ersetzt wird, denn dann ist der Erfolg des Unternehmens Hausbau insgesamt und nicht zuletzt die Finanzkalkulation gefährdet.

Nicht jedes Einfamilienhaus kann und muss ein Spar-Haus sein – aber kostenbewusst sollte es in jedem Fall sein! Das heißt also nicht an allen Ecken und Enden zu knapsen, sondern eine vernünftige Relation zwischen dem bezahlten Preis und dem dafür erhaltenen Gegenwert zu finden. Zusatzausstattung wie eine überdurchschnittlich große Wohnfläche oder gar ein Pool sind nicht umsonst zu haben, sollten andererseits aber nicht als Freibrief für explodierende Kosten dienen.

Um als Bauherr nach Abschluss der Arbeiten noch gut lachen zu haben, ist ein planvolles und kohärentes Vorgehen von größter Bedeutung.

TIPPS FÜR DAS KOSTENBEWUSSTE BAUEN

- Planen Sie ganzheitlich – von der Grundstücksauswahl bis zum Einzugstermin.
- Klären Sie die Bebaubarkeit und Erschließungssituation Ihres Grundstücks vor dem Kauf lückenlos ab.
- Nehmen Sie einen Bausachverständigen/Architekten zur Besichtigung Ihres Wunsch-Grundstücks mit, um spätere Bau- und Kostenprobleme zu vermeiden.
- Machen Sie eine Wunschliste und eliminieren Sie anschließend daraus alles, was verzichtbar ist.
- Formulieren Sie eine verbindliche Kostenobergrenze (Gesamtkosten brutto) und planen Sie einen ausreichenden Sicherheitsbehalt ein.
- Erarbeiten Sie eine detaillierte und ehrliche Bestandsaufnahme Ihrer finanziellen Möglichkeiten (ohne zu positive Zukunftsprojektionen).
- Beauftragen Sie frühzeitig einen kompetenten Architekten mit der Entwurfsplanung, Kostenermittlung und am besten auch mit der Bauleitung.
- Überprüfen Sie zusammen Ihre Vorstellungen auf Umsetzbarkeit und Finanzierbarkeit und nehmen Sie gegebenenfalls Korrekturen vor.
- Ermitteln und nutzen Sie alle verfügbaren Fördermöglichkeiten.
- Vermeiden Sie zusätzliche Wünsche nach Fertigstellung der Bau- und Finanzierungsplanung.
- Planen Sie Ihr Haus so klein wie möglich, so groß wie nötig – Kompaktheit spart.
- Achten Sie zur Senkung der Bau- wie auch der Betriebskosten auf einen geringen Anteil von Außenwand- und Dachflächen im Verhältnis zur Wohnfläche sowie insgesamt geringe Baumassen und streichen Sie verzichtbare Bauteile (z. B. nicht unbedingt benötigte Balkone).
- Bevorzugen Sie standardisierte und einheitliche Bauteile (z. B. viele identische Fenster- und Türformate).
- Ein hoher Vorfertigungsgrad spart Bauzeit und Geld.
- Fragen Sie sich in jedem Einzelfall, wo Fenster nötig sind oder ob günstigere Festverglasungen genügen.
- Achten Sie auf einen Grundriss mit bestmöglicher Raumausnutzung ohne überflüssige Räume (z. B. nicht wirklich benötigte Kellerflächen, Flure) und verzichten Sie auf unnötige Innenwände.
- Versorgungsleitungen (Elektro, Wasser, Heizung) sollten auf möglichst kurzen Wegen geführt werden und vertikal in einem Versorgungsstrang konzentriert sein.
- Reduzieren Sie die Zahl der Steckdosen und Lichtschalter.
- Verzichten Sie auf kostspielige und schadensanfällige automatisierte Lösungen.
- Wählen Sie alle eingesetzten Bauteile und Materialien nach ihrem Kosten-Nutzen-Verhältnis aus und planen Sie dafür möglichst viel Zeit ein.
- Suchen Sie zusammen mit Ihrem Planer im Baustoffhandel, in Internetportalen und in Bauteilbörsen nach preislich günstigen, qualitativ gleichwertigen Alternativen.
- Wählen Sie im Zweifel günstigere, qualitativ genau so hochwertige Materialien (z. B. Industrieparkett statt exklusivem Edelholz).
- Prüfen Sie, ob auch weniger edle, teils aus anderen Anwendungsbereichen bekannte Materialien und Bauprodukte eingesetzt werden können (z. B. OSB-Platten als Bodenbelag oder Wand-Innensicht).
- Vergabe der Aufträge für die Handwerkerarbeiten nach Kosten- und Qualitätsaspekten.
- Neben dem üblichen Weg der Ausschreibung können Aufträge für Handwerker auch über entsprechende Internetportale vergeben werden, insofern hier die geforderte Ausführungsqualität gewährleistet ist.
- Bringen Sie nach Möglichkeit Eigenleistung ein und setzen Sie diese realistisch an (im Normalfall 10–20% der Handwerkerleistungen).
- Gewährleisten Sie (am besten über die Vergabe der Bauleitung an einen kompetenten Architekten) eine effiziente Koordination und Kontrolle der Bauabläufe sowie eine kurze Gesamt-Bauzeit.

EIN GRUNDSTÜCK MIT FORMAT FINDEN

Die Wahl des Grundstücks wird teils arg stiefmütterlich behandelt und nicht selten unvollständig durchdacht. Nicht jedes Restgrundstück eignet sich zur Bebauung und so manches Schnäppchen erweist sich letztlich als zu teuer. Davor schützt leider auch die Beauftragung eines Maklers beziehungsweise Immobilienvermittlers oft nicht. Beauftragt man eine dritte Person mit der Suche nach einem Wunsch-Grundstück, sollten dessen Kompetenz und Vertrauenswürdigkeit genau hinterfragt werden. Eine abgeschlossene Ausbildung zum Immobilienfachwirt ist schon einmal ein positiver Hinweis, aber natürlich noch kein Nachweis für tatsächliche Kompetenz und Vertrauenswürdigkeit. Eine Überprüfung des Portfolios und der Referenzen helfen weiter. Letztlich muss hier den Ausschlag geben, ob man im Gespräch den Eindruck hat, dass der Vermittler Engagement, Seriosität und Kompetenz mitbringt. In der Regel fallen in Deutschland für die Vermittlung 3,57% Provision für den Makler an. An unmittelbaren Erwerbskosten hinzu kommen noch die Kosten für den Notar, für die Grundbucheintragung und für die Grunderwerbsteuer. Insgesamt sind hierfür noch einmal gut 10% auf den Kaufpreis zu addieren.

Hier wie bei der Suche in Eigenregie gilt, die Eigenschaften des Grundstücks vor dem Kauf selbst genau zu prüfen, beim Verkäufer abzufragen und am besten auch vertraglich festzuhalten: Die Bebaubarkeit als solche hängt vom Status der Parzelle ab, bei der es sich um ausgewiesenes Bauland handeln sollte. Grundstücke mit Bauerwartungsstatus bergen teils hohe Risiken hinsichtlich der tatsächlichem Umwidmung zu Bauland und des zeitlichen Horizonts. Ferner von Bedeutung ist die Erschließungssituation (Straßen, Kanalisation, Wasser, Strom, Gas), die entweder abgeschlossen oder terminlich festgelegt und von amtlicher Seite bestätigt sein sollte. Für den Fall Österreichs ist zu beachten, dass in einigen Bundesländern nicht nur für den Bau eines Hauses, sondern bereits für den Kauf eines Grundstücks eine Baubewilligung eingeholt werden muss – grundsätzlich sicherlich eine sinnvolle Vorkehrung, um den Erwerb unbebaubarer Parzellen zu vermeiden.
Darüber hinaus sollte sich jeder Kaufwillige so genau wie möglich darüber informieren, welche Erschließungskosten auf ihn zukommen; die Sätze weichen regional stark voneinander ab. Schwieriger zu prüfen ist die Beschaffenheit des Bauuntergrunds (zum Beispiel Fels oder Schwemmland), die unter Umständen starke Auswirkungen auf die Baumaßnahmen und deren Kostenentwicklung haben kann. So macht felsiger Untergrund Unterkellerungsarbeiten extrem aufwändig und teuer, wenig tragfähiger Boden erfordert gegebenenfalls spezielle Fundamentierungsarbeiten. Bei hohem Grundwasserstand, insbesondere bei drückendem Grundwasser oder in Überschwemmungsgebieten muss entweder auf den Keller verzichtet oder für eine spezielle konstruktive Abdichtung (etwa mit einer so genannten Weißen Wanne und WU-Beton) gesorgt werden. Insbesondere in städtischen Arealen kommt ein bisher noch unterbewertetes Problem hinzu, die Freiheit von etwaigen Altlasten (zum Beispiel Arsen im Untergrund). Indem man sich vertraglich die Freiheit von Altlasten bescheinigen und entsprechende Rückerstattungsrechte zusichern lässt, kann man – die Solvenz des Verkäufers vorausgesetzt – die größten Risiken ausschließen, bei Verdacht auf Schwermetalle und andere Schadstoffe ist aber von einem Grundstückskauf besser ganz Abstand zu nehmen. Nachforschungen in sogenannten Altlasten-Katastern über die Vorgeschichte, das heißt die früheren Nutzungen des Areals, können hier schon wichtige Aufschlüsse geben. Hat man ein Grundstück bereits erworben und muss für die Entsorgung von Altlasten aufkommen, sind Kosten in fünfstelliger Höhe nicht unwahrscheinlich!

Bauen in naturnaher Umgebung und abgesetzt vom Ort ist für viele Bauherren sehr attraktiv, aber nur unter bestimmten Bedingungen genehmigungsfähig, etwa bei Vorhandensein eines Vorgängerbaus (Planung: Bernardo Bader).

Neben den unmittelbar auf das Grundstück selbst gerichteten Untersuchungen gilt es auch, das nähere Wohnumfeld genauer unter die Lupe zu nehmen. Dessen Qualität – und übrigens auch der Wiederverkaufswert des Grundstücks beziehungsweise des Hauses – ergibt sich zunächst aus den geografischen Lagefaktoren (Fernblick), den Eigenschaften der Parzelle (Größe, Zuschnitt, Geländemorphologie) und des Umfelds sowie aus dem Vorhandensein von und der Distanz zu benötigter Infrastruktur wie Einkaufsmöglichkeiten für den täglichen Bedarf, Kindergärten, Schulen, Spielplätzen, Grünanlagen und vor allem Verkehrsverbindungen (ÖPNV, Stadtnähe, Autobahn-Anbindung). Bei der Beurteilung eines Grundstücks ist es auch wichtig, sich zu fragen, ob man sich dort auf lange Sicht wohlfühlt. Negativ beeinflussen können die Wohnqualität am Standort etwa die Lage an einer viel befahrenen Keuzung mit der entsprechenden Lärm- und Schadstoffbelastung, aber auch hässliche Nachbarbebauung oder eine »Teerwüste« als Ausblick. Schadstoff emittierende Betriebe in der Umgebung sollten ebenso genau überprüft werden.

VOR DEM GRUNDSTÜCKSKAUF: PREISLICHE TRANSPARENZ HERSTELLEN

Um bei Grundstückskauf und Vertragsgestaltung Fallstricke zu vermeiden und günstig zu erwerben, sollte sich der Kaufinteressent im Vorfeld intensiv über die lokale Preissituation informieren. Da für die Preisgestaltung von Grundstücken in erster Linie ihre Lage ausschlaggebend ist, sind hier große regionale und auch lokale Unterschiede vorhanden. So kann innerhalb einer Stadt, ja sogar eines Wohnviertels der Quadratmeterpreis bei vergleichbarem Zuschnitt und Bebaubarkeit um mehrere Hundert Euro differieren. Der Blick in die Immobilienangebote der örtlichen Tageszeitung oder der Immobilienportale im Internet verschafft hier schon einen guten Einblick. Zudem existieren öffentliche Statistiken über Bodenrichtwerte – so genannte Kaufpreissammlungen –, die im Abstand von ein bis zwei Jahren von Ländern und Kommunen neu veröffentlicht werden. Hierbei werden Durchschnittswerte aus mehreren Verkäufen eines Gebiets – teils unter Einbeziehung der Maße und Bebaubarkeit von Parzellen – in lokale Richtwerte umgerechnet. Grundlage dieser Ermittlung sind die an die Gutachterausschüsse gemeldeten Angaben in

Seegrundstücke mit der Möglichkeit eines eigenen Bootanlegers gehören in aller Regel zu den besonders attraktiven Standorten mit hohen Grundstückspreisen.

den Kaufverträgen. Teils, so etwa für das Bundesland Nordrhein-Westfalen, existieren auch schon umfassende und flächendeckende Bodenrichtwertinformationssysteme (www.Boris.NRW/www.Boris-plus.NRW). Ansonsten ist man häufig darauf angewiesen, sich über die Websites der Kommunen oder die existierenden Angaben der Länder durchzuklicken. Zumeist finden sich die spezifischen Informationen unter den Rubriken Liegenschaften. Auch umfassende und zeitnah erstellte Statistiken erlauben keine völlig genauen Aufschlüsse, geben aber Näherungswerte an, die im Normalfall nicht mehr als 10–20% von dem realen Wert des in Frage kommenden Grundstücks entfernt sind und damit immerhin eine recht gute Einschätzung der konkret ins Auge gefassten Parzelle ermöglichen. Wohnt man bereits vor Ort, sind im Normalfall die aktuell erzielten Grundstückspreise aus Gesprächen mit Bekannten und Freunden ohnehin bekannt.

DEN ERWERB UNTER DACH UND FACH BRINGEN

Ist man sich mit dem Verkäufer einig geworden, steht der Abschluss eines notariellen Kaufvertrags an, der allein rechtlich verbindliche Wirkung hat. Gegebenfalls besteht die Möglichkeit, einen Vorvertrag abzuschließen. Im Allgemeinen wird dem Käufer das Recht zugebilligt, einen Notar seiner Wahl auszusuchen, aber dies kann zwischen den Parteien einvernehmlich geregelt werden. Es wird zunächst ein erster Besprechungstermin zu vereinbaren sein, bei dem am besten alle für den Vertrag relevanten Unterlagen mitgebracht und dem Notar alle benötigten Informationen übermittelt werden. Hier sollten spätestens noch auf dem Grundstück liegende Rechte (zum Beispiel von Kreditinstituten), Belastungen oder die Nutzung einschränkende Faktoren bekannt gemacht werden, damit der Notar alle einem Verkauf noch im Wege stehenden Hindernisse beseitigen und beispielsweise Hypotheken aus dem Grundbuch löschen lassen kann. Der ausgearbeitete Vertragsentwurf sollte dann vom Notar beiden Parteien zur Überprüfung und zur gegebenenfalls notwendigen Korrektur zugeleitet werden, um dann binnen angemessener Frist den Termin für die Vertragsunterzeichnung ansetzen zu können. Nach der Unterzeichnung veranlasst der Notar die Eintragung der Eigentumsrechte im Grundbuch.

FINANZIERUNGSKONZEPTE MIT ZUKUNFT

Wie bei der Auswahl des Bauplatzes, der äußeren Gestalt, dem Grundriss und anderer Themen gibt es auch bei der Finanzierung sicherlich nicht den einen Königsweg, sondern eine Vielzahl von Varianten, die jedoch für den Bauherrn nicht immer günstig sind. Es gilt, einige allgemein gültige Regeln zu berücksichtigen, damit das Unternehmen Hausbau auf lange Sicht Freude bereitet. Hierfür ist zu allererst eine genaue Analyse der eigenen wirtschaftlichen Situation nötig, denn darauf muss letztlich die gesamte Planung, ja bereits die Auswahl des Grundstücks, beruhen. Stets sollte nur so viel finanziert werden, wie auch gebraucht wird um zu hohe Zins- und Tilgungsbelastungen zu vermeiden. Gleichzeitig sollte die Finanzierungssumme so bemessen sein, dass Finanzierungslücken mit der Folge einer teuren Nachfinanzierung vermieden werden. Deshalb hat es doppelt Sinn, seine Wünsche auf das Nötige zu reduzieren und den Abschluss der Finanzierung auf Grundlage einer vorliegenden, nach Maßgabe des Planungsstands möglichst genauen Kostenermittlung vorzunehmen.

Der Trend geht zum Annuitätendarlehen, das sich aus Zinsanteil und Tilgungsanteil zusammensetzt. Am Ende der Gesamtlaufzeit (meist 25-30 Jahre) ist der Kredit vollständig getilgt. Von Seiten des Kreditinstituts wird das Annuitätendarlehen in aller Regel mit einer zu seinen Gunsten eingetragenen Hypothek abgesichert (daher auch Hypothekendarlehen), um bei etwaigen Zahlungsschwierigkeiten des Kreditnehmers Zugriff auf die Immobilie zu erhalten.
Mit der Dauer der monatlich erfolgenden Zahlungen verringert sich der Kreditbetrag, die Höhe der Zahlungen für Zinsen und Tilgung vermindert sich sukzessive. Dabei gilt die Regel, je länger die Laufzeit der Zinsbindung – meist 5 oder 10 Jahre –, desto höher der Zinssatz. Der Einstieg in die Finanzierung empfiehlt sich nach Möglichkeit in einer Zeit moderater Zinsen, was dann auch längere Laufzeiten sinnvoll macht. In einer Hochzinsphase sind kurze Laufzeiten zu bevorzugen. Für Bauherren mit niedrigem bis durchschnittlichem Einkommen ist eine jährliche Tilgung von 1% empfehlenswert, bei sicherem hohem Verdienst sind durchaus auch 2 oder 3% Tilgung möglich und und zu bevorzugen, da dann das Kreditvolumen schneller abgebaut und die Zahlungsbelastungen insgesamt vermindert werden. In jedem Fall muss vermieden werden, dass das Haus nach dem Ende der eigenen Erwerbstätigkeit immer noch nicht abbezahlt ist, denn dann wird die Immobilie zur Belastung, statt zur Alterssicherung beizutragen.

Der Kreditvertrag sollte dem Kreditnehmer in jedem Fall günstige Modalitäten für Sondertilgungen zusichern, das heißt je nach den persönlichen Möglichkeiten und ohne dass im Fall einer vorzeitigen Gesamt- oder Teilrückzahlung hohe Sondertilgungs-Zuschläge zu entrichten sind. Gebühren und Nebenkosten (etwa für die Schätzung der Immobilie) sollten möglichst gering sein. Im Zweifel empfiehlt es sich, sich vor dem Abschluss des Kreditvertrags an eine regional zuständige Verbraucherzentrale beziehungsweise Verbraucherberatungsstelle zu wenden – am besten gleich mit dem Entwurf eines Vertrags im Gepäck, damit die Experten die angebotenen Konditionen konkret beurteilen können.

Banken finanzieren in aller Regel nur mehr bei mindestens 20% Eigenkapital. 20–30% Eigenkapital sollten aber auch im Interesse der Bauherren mindestens vorhanden sein, um keine horrenden Zahlungsverpflichtungen auf sich nehmen zu müssen, die unter Umständen die eigene Existenz gefährden können. Bei einer Gesamtbausumme von 250.000 Euro brutto (inklusive aller Nebenkosten, Steuern und Honorare) müssen also zumindest 50.000 Euro

eigenes Geld vorhanden sein. De facto ist hier ein Sicherheitsbehalt von zumindest weiteren 20.000 Euro für den Fall unvorhergesehener Kostenüberschreitungen ratsam, insgesamt im Beispiel also wenigstens 70.000 Euro – immer vorausgesetzt, dass die angesetzten 250.000 Euro brutto bereits die absolute Kostenobergrenze markieren. Die Kostenschätzung sollte im Idealfall dann bei höchstens 220.000 Euro liegen.
Neben dem vorhandenen Anteil an Eigenkapital ist auch die Beleihbarkeit der Immobilie von entscheidender Bedeutung für die Höhe des auszahlungsfähigen Kreditbetrags. Bei Gesamtgestehungskosten von 250.000 Euro wird der Beleihungswert im Normalfall um ca. 200.000 Euro liegen. Bei erstrangigen Bankdarlehen können meist bis zu 60% dieser Summe beliehen und als Darlehen an den Kreditnehmer ausbezahlt werden. Werden Bausparmittel einbezogen, liegt der Beleihungswert meist höher.

KEIN GELD VERSCHENKEN! KREDITE MIT SONDERKONDITIONEN UND ANDERE FÖRDERMÖGLICHKEITEN

Kein Bauherr sollte den Bau seines Eigenheims so knapp kalkulieren, dass Fördermittel zum notwendigen Baustein werden, aber sie können helfen, das Vorhaben leichter zu schultern. Einen guten (jedoch nicht verbindlichen) Überblick gibt die Website www.foerdermittelauskunft.de, auf der jeder Bauherr in Deutschland einen Überblick über die meisten für ihn verfügbaren Förderprogramme erhält.
Eigentlich eine Selbstverständlichkeit, aber leider weist nicht jeder Kreditberater von sich aus darauf hin –, es gibt vergünstigte Darlehen von staatlicher Seite, so in Deutschland der Landeskreditanstalten (in Bayern Landesbodenkreditanstalt) oder der KfW (Kreditanstalt für Wiederaufbau; www.kfw-foerderbank.de). Im ersteren Fall werden Bauherren mit deutlich zinsverbilligten Darlehen unterstützt, die noch unter den Zinssätzen des KfW-Wohneigentumsdarlehens liegen (Einzelheiten unter www.foerdermittelauskunft.de). Das KfW-Wohneigentumsprogramm, das über die jeweilige Hausbank abgewickelt wird, fördert ohne Einkommensgrenzen selbstgenutzte Eigenheime oder Eigentumswohnungen, wobei Kosten des Baugrundstücks, Baukosten einschließlich Baunebenkosten und Außenanlagen gefördert werden können. Die Zinssätze liegen im Normalfall einige Zehntel unter den jeweiligen Marktzinsen, wobei bei Anstieg des Zinssatzes bis zum Bewilligungszeitpunkt der Zinssatz bei Antragseingang gilt. Je nach der Gesamtlaufzeit sind in der Regel ein bis drei tilgungsfreie Jahre vorgesehen.

In der Mehrzahl der Fälle werden beim Bau von Einfamilienhäusern in Deutschland, Österreich und auch in der Schweiz Maßnahmen gefördert, die die Nutzung regenerativer Energieträger (Solarenergie, Holz, Biomasse), besondere Vorkehrungen zur Minimierung des Energiebedarfs durch entsprechende hoch effiziente Dämmung und teils auch die Nutzung ökologischer, nachhaltiger Materialien zum Ziel haben. Als Träger beziehungsweise Antragstellen fungieren in der Regel öffentliche Stellen auf Bundes-, Landes- beziehungsweise Kantons-, Regions- oder kommunaler Ebene, teils auch Energieversorger. Letztere haben selbstverständlich oft ihren ökonomischen Vorteil im Blick, denn der Einbau von Wärmepumpen zieht beispielsweise die Abnahme von Strom, der Einbau von Gasheizungen den Bezug von Gas durch das lokale Versorgungsunternehmen nach sich. Da die hierfür meist als Zuschüsse ausgezahlten Fördermittel nur einen relativ kleinen Teil der Investition ausmachen und in der Folge durch steigende Energiekosten schnell neutralisiert werden, sollte man sich allein deshalb in keinem Fall zum Einbau einer bestimmten Heizungsanlage bewegen lassen.
Von der KfW-Förderbank gibt es etwa Kredite für den Bau von energiesparenden Häusern, im Einzelnen für KfW-Energiesparhäuser 40, Passivhäuser und KfW-60-Häuser sowie für den Einbau von Heizungstechnik auf Basis erneuerbarer Energien (Programm Ökologisch Bauen). Investitionskredite der KfW für Photovoltaik-Anlagen kommen ebenfalls Bauherren von Einfamilienhäusern zugute. Bezuschussungsfähig ist bei beiden Programmen der Erwerb und Bau von Photovoltaikanlagen wie auch die Erweiterung bestehender Anlagen mit bis zu 100% der förderfähigen Kosten, je Maßnahme bis zu 50.000 Euro (Stand Juni 2008). Die vergünstigten Darlehen der KfW können in der Regel nur in ihrer Gesamtheit vorzeitig zurückgezahlt werden.

In Deutschland hat die Erzeugung von Solarstrom mit dem Erneuerbare Energien Gesetz EEG von 2000 eine ökonomisch lohnende Grundlage erhalten. Mit der Inbetriebnahme einer Photovoltaik-Anlage zur Stromproduktion erhalten private

Haushalte über einen Zeitraum von 20 Jahren zuzüglich dem Jahr der Installation eine garantierte, erhöhte Einspeisevergütung, deren Höhe sich nach dem Jahr der Inbetriebnahme richtet. Jeweils zum 1.1. des neuen Jahres vermindert sich die Zuschusshöhe um 5%, daher ist eine schnelle Entscheidung unter Umständen bares Geld wert. 2008 lag die Einspeisevergütung für Anlagen bis 30 Kilowatt bei 46,75 Cent pro Kilowattstunde. Die Art der Förderung und, soweit die Grunddaten der eigenen Anlage ermittelt sind (Ort der Montage [zum Beispiel auf dem Dach], Jahr der Inbetriebnahme, Anlagenleistung in kWp, Jahresleistung in kWh), die Höhe der Förderung im eigenen Fall kann man sich unter www.solarfoerderung.de anzeigen beziehungsweise berechnen lassen. Für die Investitionskosten steht für Solarstromanlagen bis circa 10 kWp ein KfW-Darlehen zur Verfügung. Die Abwicklung erfolgt über die Hausbank (siehe auch www.kfw-foerderbank.de).

Seit Anfang 2008 gelten im deutschen Fall höhere Zuschussbeträge für Solarkollektoranlagen zur Heizungsunterstützung. Bei Solarkollektoren für die reine Warmwasserbereitung gibt es vom Bundesamt für Wirtschaft und Ausfuhrkontrolle (BAFA) 60 Euro Basisförderung (Mindestförderbetrag 410 Euro pro Anlage), bei Solarkollektoren zur Heizungsunterstützung mindestens 105 Euro je Quadratmeter installierter Kollektorfläche (jeweils bis 40 m²). Falls die Anforderungen der Energieeinsparverordnung um 45% oder mehr unterschritten werden, ergibt sich ein so genannter Effizienzbonus, mit dem sich der Zuschuss auf 210 Euro je Quadratmeter verdoppelt.

Die BAFA bezuschusst ferner auch die Errichtung von Biomasseverfeuerungsanlagen. Dazu gehören automatisch beschickte Pelletöfen, Pelletkessel, Holzhackschnitzel-Heizungen und Scheitholzvergaser. Ein zusätzlicher Bonus kann darüber hinaus für die Kombination zweier Maßnahmen (zum Beispiel Biomasse- und Solaranlage), für besondere Effizienz bei Einbau in einem besonders energiesparenden Haus und sogar für eine Umwälzpumpe mit hohem Wirkungsgrad gewährt werden. Energieberatungen vor Ort können ebenfalls vom BAFA bezuschusst werden. Alternativ stehen günstige Energieberatungen in den Verbraucherzentralen zur Verfügung (www.verbraucherzentrale-energieberatung.de).

Die jeweils aktuellen Förderungen der österreichischen Bundesländer werden am besten über die Abteilungen für Wohnbauförderung, die Außenstellen der Wohnbauförderungsabteilungen und die Bürgerbüros in den Bezirkshauptmannschaften

Dieses mit seinen Haupträumen nach Süden orientierte Einfamilienhaus ist nicht nur architektonisch, sondern mit seiner großen Fläche an Photovoltaikmodulen für die Stromerzeugung und zusätzlichen Kollektoren zur Warmwasserbereitung auch energetisch auf der Höhe der Zeit. Balkon und Vordach schützen gleichzeitig vor sommerlicher Überhitzung (Planung: may.schurr architekten).

erfragt, die auch Auskunft über Bundesprogramme geben können (zum Beispiel Kontakt für Niederösterreich: wohnbau@noel.gv.at). Es existieren etwa Zuschussprogramme vonseiten der Länder und des Bundes, aber auch von Kommunen, für die Installation von Holzkesseln – für Stückholz, Hackschnitzel oder Pellets (siehe auch www.biomasseverband.at/ www.public-consulting.at).
In der Schweiz erhalten Bauherren auch Förderungen für besonders energiesparende und nachhaltige Bauweise von Seiten einiger Kantone. Ob dies jeweils zutrifft und in welcher Höhe diese verfügbar sind, muss im Einzelfall geprüft werden. Außerdem steht seit einiger Zeit von Seiten des Bundesamts für Energie (BFE) ein Förderinstrument für den Einsatz erneuerbarer Energien, so unter anderem Photovoltaik, aber auch Kollektoren, Holzfeuerungen etc. zur Verfügung (siehe www.bfe.admin.ch).

Für alle Förderprogramme, gleich ob als zinsverbilligtes Darlehen oder als Zuschuss, gilt es, vor einer Antragstellung zu einem möglichst frühen Zeitpunkt der Hausbauplanung direkten Kontakt mit den zuständigen Stellen aufzunehmen. Da die Programme in der Regel nur eine bestimmte Zeit laufen und dann – etwa infolge Veränderungen der politischen Rahmenbedingungen oder der finanziellen Gegebenheiten in den öffentlichen Haushalten – angepasst oder durch andere ersetzt werden, können sich die Konditionen schnell verändern oder Fördermöglichkeiten im ungünstigen Fall ganz versiegen. Zudem können die Mittel bei großem Interesse frühzeitig erschöpft sein, die Zuteilung wird in der Regel nach der Reihenfolge des Antragseingangs entschieden. Mit der geförderten Maßnahme darf in vielen Fällen erst nach positivem Bescheid oder nach ergangener Zustimmung zum vorzeitigen Baubeginn angefangen werden. Die Durchführung der beantragten Maßnahmen muss zumeist durch geeignete Unterlagen (zum Beispiel Handwerkerrechnungen) innerhalb einer bestimmten Frist nachgewiesen werden. Auch dann, wenn die Maßnahme bereits vor Antragstellung abgeschlossen sein darf (zum Beispiel Zuschussprogramme des BAFA) muss in jedem Fall vor der Vergabe der Aufträge und vor dem Einbau mit dem Fördergeber verbindlich abgeklärt werden, ob die Anlage den Förderkriterien entspricht.

Daneben gewähren bestimmte Kreditinstitute wie die Umweltbank (www.umweltbank.de) vergünstigte Darlehen für ökologische und Energie sparende Neubauten. Nach einem Punktesystem gibt es dabei Zinsabschläge je nach dem hinsichtlich der Nachhaltigkeit erreichten Standard.

Die Kontaktadressen der genannten und weiterer Fördergeber finden sich im Anhang des Buches auf Seite 194.

UNNÖTIGE RISIKEN VERMEIDEN: DIE FINANZIELLE ABSICHERUNG AM BAU

Ganz gleich, welche Form der Finanzierung gewählt wird, ist angesichts der hohen laufenden Kreditverpflichtungen einer Immobilienfinanzierung eine existenzielle Absicherung der Familie umso dringlicher. Meist geschieht dies zum einen durch den Abschluss einer Berufsunfähigkeitsversicherung, Risiko-Lebensversicherung und Unfallversicherung. Die Risiken am Bau selbst für die eigenen Familienmitglieder muss dabei eine Unfallversicherung abdecken, für freiwillig mithelfende oder andere Personen steht die unbedingt notwendige, im Übrigen sehr kostengünstige Bauherren-Haftpflichtversicherung ein. Hieran sollte in keinem Fall gespart werden, da im Schadensfall bei Personenschäden unkalkulierbar hohe Zahlungsverpflichtungen drohen können. Als Deckungssumme für Sach- und Personenschäden sind mindestens drei Millionen Euro festzusetzen.
Weiterhin muss dringend eine Wohngebäudeversicherung mit Feuerschutz für Rohbauten abgeschlossen werden. Eine Bauleistungsversicherung deckt zusätzlich etwaige Schäden ab, die während der Arbeiten am Gebäude durch Vandalismus oder Diebstahl entstehen. Alternativ werden auch Versicherungspakete abgeschlossen, die die Risiken am Bau insgesamt abdecken. Eine gezielte Vorinformation und ein rechtzeitiger Versicherungsabschluss vor Beginn aller Arbeiten sind von größter Bedeutung. Zur Vorinformation dient ein Blick auf unabhängige Informationsquellen (siehe unter anderem die Website des Bundes der Versicherten www.bundderversicherten.de).

KASSENSTURZ: KOSTENERMITTLUNG OHNE FALLSTRICKE

Bevor die Entwurfsplanung beginnt, sollte dem Architekten das zur Verfügung stehende Budget der Bauherren und damit eine Obergrenze der Gesamt-

MERKLISTE: AUFSTELLUNG DER POSTEN FÜR DIE KOSTENSCHÄTZUNG

I. KOSTEN DES BAUGRUNDSTÜCKS

Wert des Grundstücks

Erwerbskosten (falls nicht ererbt/geschenkt)

- Vermessung (falls notwendig)
- Gerichts- und Notarkosten
- Maklerprovision (falls relevant)
- Grunderwerbsteuer
- Wertgutachten (bei Grundstücken meist nicht beauftragt)
- Sonstiges

Erschließungskosten

- Eventuelle Abraum- und Entsorgungskosten
- Öffentliche Erschließung
- Nichtöffentliche Erschließung
- Sonstige Abgaben
- Stellplatzablösung (z.B. bei Teilung)
- Sonstiges

II. BAUKOSTEN

Kosten der Gebäude

- Gebäude ohne UG und DA
- Unterkellerung (UG)
- Ausbau Untergeschoss
- Dachausbau (DA)
- Sonderausstattung
- Garagen
- Sonstiges

Kosten der Außenanlagen

- Ver- und Entsorgungsleitungen
- Stellplätze
- Wege, befestigte Flächen
- Gartenanlage, Pflanzungen
- Umfriedung
- Zubehör, Sonstiges

Baunebenkosten

- Architektenhonorar
- Statiker
- Fachingenieure und Gutachter
- Behördenleistungen
- Geldbeschaffungskosten
- Zwischenfinanzierung
- Sonstiges

kosten genannt werden, die noch mindestens 20% Sicherheitsbehalt einschließen sollte. Wie viel Geld im Notfall zur Verfügung steht, braucht letztlich nur den Bauherren selbst bekannt zu sein. Damit alle Beteiligten bezüglich der Gesamtkosten die gleiche Sprache sprechen, sollte von vorne herein klar sein, dass es sich um die Gesamtkosten brutto handelt, also unter Einschluss aller Bau- und Baunebenkosten und Steuern. Zu den Baunebenkosten zählen neben dem Architektenhonorar die Honorare für die sonstigen Baufachleuchte (Statiker, Haustechnik, Brandschutz, Entwässerung, Energiegutachten, Koordinatorentätigkeit nach der Baustellenverordnung). Da die Steuern bei rein privaten Bauvorhaben ohne Ausgleich voll mit bezahlt werden müssen, sind auch sie in die Kalkulation mit einzubeziehen. Insofern ist es eine Überlegung wert, eine teilweise berufliche Nutzung einzuplanen, um so den entsprechenden Kostenanteil steuerlich geltend machen zu können. Dies sollte mit dem eigenen Steuerberater erörtert werden.

In jedem Fall gilt, alle Kosten durch den Architekten möglichst frühzeitig und so genau wie möglich zu ermitteln. Das erspart überraschende Kostenexplosionen, denen beim Bauen ohne kompetenten Planer Tür und Tor geöffnet sind. Eine Erhöhung der Kosten im Verlauf des Bauprozesses völlig auszuschließen ist nicht möglich, aber sie können durch bestmögliche Kostenkontrolle im Rahmen gehalten werden. Erwirbt man ein Haus vom Bauträger beziehungsweise vom Haushersteller, sind darin die denkbaren Kostensteigerungen sowie zusätzlich die Vertriebs- und PR-Kosten des Unternehmens eingerechnet.
Für eine vernünftige Finanzplanung sind frühzeitige Kostenaufstellungen unabdingbar, die die Bauwerkskosten nach Einzelpositionen geordnet darstellen. Berechnungsverordnungen schreiben vor, was die Kostenermittlungen im Einzelnen zu umfassen haben.

Ist ein Planer ausgewählt, erstellt dieser eine Kostenschätzung, die im Idealfall die Grundlage für die Finanzierung darstellt. Die Kostenschätzung ist nicht verbindlich, sollte aber alle zu diesem Zeitpunkt erkennbaren Kosten in die Berechnung einbeziehen. In der Kostenschätzung sind die einzelnen Kostenfaktoren nach Flächen bzw. Volumen (in m^2 oder m^3) und Preis mit den jeweiligen Einzelkosten und Kostensummen der einzelnen

Kostenpositionen aufgeschlüsselt, aus denen sich insgesamt die geschätzten Gesamtkosten ergeben.

Weit genauer als die Kostenschätzung ist dann die verbindliche Kostenberechnung, die vom Architekten auf der Grundlage des vom Bauherrn genehmigten Entwurfs erfolgt. Erst zu diesem Zeitpunkt kann der finanzielle Aufwand des Hausbaus verlässlich beurteilt werden. Noch vorhandene Unsicherheiten kann der Planer durch Mittelwerte ergänzen.
Ein noch genauerer Kostenanschlag ist dann möglich, wenn alle Aufträge vergeben sind. Das dazu notwendige Berechnungsverfahren regelt die DIN 276. Nach Abschluss der Bauarbeiten kann durch den Architekten, soweit er mit dieser Leistungsphase beauftragt ist, die so genannte Kostenfeststellung erfolgen. Sie basiert auf allen geprüften und bezahlten Rechnungen und stellt eine endgültige Zusammenfassung der tatsächlichen Gesamtkosten dar.

DER WEG ZUM BESTEN ARCHITEKTEN

Halt, mag hier mancher Bauherr rufen, brauche ich denn überhaupt einen Architekten, wenn der doch meine Gesamtrechnung nach oben treibt und nach Auskunft aller Bekannten und Freunde für das Gelingen des Bauvorhabens völlig überflüssig ist? Diese »Berater« hätten recht, wenn die hier kolportierten Vorurteile zutreffend wären. Für kompetente Architekten trifft aber genau das Gegenteil zu – sie tragen dazu bei, die Gesamtkosten durch entsprechende Planung und Kontrolle der Baumaßnahmen in einem vernünftigen Rahmen zu halten und sorgen dafür, dass ein Haus mit hohem Wohnwert, aber ohne überflüssige »Schnörkel« entsteht. Der Beistand einer kompetenten Architektin beziehungsweise eines kompetenten Architekten bringen den Bauherren eine gute Grundrissgestaltung und Raumausnutzung, die den Wohnwert erhöht und gleichzeitig Geld für überflüssige Verkehrsflächen, Erschließungsbereiche und Zwischenwände einspart. Kosten treibende und in der Regel gestalterisch deplatzierte Gauben, Erker, Vordächer, etc. werden wegrationalisiert, sinnvolle Dinge wie Schiebetüren, durchgängige Raumstrukturen, gut platzierter Stauraum und vor allem ein großzügiges Wohngefühl hinzugefügt. Wissen zahlt sich so im wahrsten Sinne aus.

Bei der Suche nach einem kompetenten Architekten helfen Ratgeber-Bücher mit gebauten Beispielprojekten auch aus der eigenen Region ein ganzes Stück weiter (siehe dazu die Literaturhinweise auf Seite 198). Ansonsten gibt es zunehmend auch positive Beispiele aus dem lokalen Umfeld – scheuen Sie sich nicht, bei wirklichem Interesse auch einmal bei einem Haus »Ihrer Wahl« zu klingeln und den Architekten sowie die Erfahrungen der Bauherren zu erfragen.

Der Architekt bietet die komplette Leistung für Planung und Ausführung eines Bauwerks an, die sich in neun Leistungsphasen untergliedert. Im Folgenden seien diese Phasen im Einzelnen erläutert:

Unten:
Bei guter Vorauswahl begrüßen die Bauherren ihren Architekten auch nach der Fertigstellung noch gerne bei sich.

Ganz unten:
Die Lektüre von anspruchsvollen Architekturbüchern mit vorbildlichen Projekten kann auch für die Auswahl des Architekten wertvolle Anregungen liefern.

AUFGABEN DES ARCHITEKTEN UND LEISTUNGSPHASEN NACH HOAI (siehe auch www.byak.de)

Leistungsphase (mit Anteil am Gesamthonorar)	Beschreibung der Aufgaben
LPh 1 Grundlagenermittlung (3%)	Gemeinsame Klärung des Bauvorhabens hinsichtlich Nutzungsanforderungen, Bauqualität, Kostenbudget und Terminen
LPh 2–5 Vorplanung (7%), Entwurfsplanung (11%), Genehmigungsplanung (6%), Ausführungsplanung (25%)	Weg bis zur ausführungsreifen Planung in vier Stufen, in Varianten; umfasst die zeichnerische Darstellung des Gesamtentwurfs mit allen notwendigen Einzelangaben für Handwerker/Firmen, Kostenberechnung, Erarbeitung und Einreichung der Unterlagen für Genehmigung/Zustimmung
LPh 6 Vorbereitung der Vergabe (10%)	Nach der Erteilung der Baugenehmigung und der Erarbeitung der Ausführungspläne Aufstellung der Leistungsbeschreibungen mit Leistungsverzeichnissen für die Bauunternehmen und Fachleute
LPh 7 Mitwirkung bei der Vergabe (4%) LPh 8 Objektüberwachung (31%)	Beratung des Bauherrn bei der Vergabe der Aufträge, Gewährleistung der Kostenkontrolle Koordination der Bauabläufe in Abstimmung mit der Baugenehmigung, den Ausführungsplänen, dem Zeitplan und den Leistungsbeschreibungen
LPh 9 Objektbetreuung und Dokumentation (3%)	Nach Fertigstellung des Bauwerks Überwachung der Beseitigung von Mängeln innerhalb der Gewährleistungsfristen, Dokumentation des Gesamtergebnisses für spätere Überprüfungen, Umbauten und Reparaturen

Aus Kostenerwägungen entscheiden sich Bauherren teilweise, den Architekten nur mit einem Teil der oben genannten Leistungen zu beauftragen, so beispielsweise nur bis einschließlich der Leistungsphase 5, wenn die Baueingabe und die Ausführungsplanung abgeschlossen ist. So nachvollziehbar dies aus finanzieller Sicht grundsätzlich ist, so risikoreich kann eine solche Teil-Beauftragung werden, denn in diesem Stadium beginnt im Grunde die Tätigkeit eines engagierten Architekten oft erst richtig. Ist die Bauherrschaft mit den Ausschreibungen, der Auftragsvergabe, der Kontrolle der Bauabläufe und der Evaluierung von Mängeln auf sich gestellt, wird sie damit in aller Regel überfordert sein und geht unter Umständen unkalkulierbare Risiken ein. Zudem wird das eingesparte Architektenhonorar mit hoher Wahrscheinlichkeit durch Kostensteigerungen, Baufehler und Verzögerungen des Bauablaufs erkauft. Zumindest sollten, auch wenn der Bauherr vom Fach ist, immer die Leistungsphasen 6 und 7 mit beauftragt werden, da sie für das Gelingen des Projekts entscheidende Bedeutung haben und doch vergleichsweise gering honoriert sind.

BAUHERREN UND PLANER ALS TEAM

Bei der direkten Kontaktaufnahme mit dem Planer stellt sich schon einmal die Frage, ob man sich versteht und ob beide Seiten das Gefühl haben, zu einer vertraulichen Zusammenarbeit finden zu können. Wenn die gestalterischen, ablaufbezogenen und finanziellen Anschauungen zu weit auseinander liegen, wird es keinen Sinn haben, sich zusammen an eine Hausbauplanung zu wagen. Es sollte zunächst Einvernehmen herrschen, dass der von den Bauherren vorgegebene Kostenrahmen nach bestem Wissen eingehalten wird. Der Architekt sollte den Bauherren seinerseits von Anfang an offen sagen, ob ihre Vorstellungen in dem genannten Rahmen zu verwirklichen oder ob hier Abstriche unvermeidlich sind. Gestalterisch sollten beide Seiten auf einer gemeinsamen Wellenlinie liegen, die in der Regel noch durch fachliche Überzeugungsarbeit des Architekten modifiziert wird – letztlich treten beide Seiten ja miteinander in eine Art fruchtbaren Lernprozess ein. Der Architekt sollte auf Seiten der Bauherrschaft soviel Vertrauen genießen, dass ihm die Umsetzung der von den Bauherren formulierten Ziele in eine hochwertige Architektursprache zugetraut wird und im großen Ganzen seinem Stilempfinden sowie seinen Planungsvorschlägen gefolgt wird, sofern sie für die Bauherren nachvollziehbar sind. Dabei muss der Auftraggeber jedoch immer das Gefühl haben, Herr des Verfahrens zu bleiben. Ein engagierter Architekt wird auch nach dem Abschluss der Planungsphase für den Bauherren ein verlässlicher Ansprechpartner sein, denn gerade dann beginnen meist die Schwierigkeiten, die es schnell und kompetent zu beheben gilt.

WAS KOSTET UNS DER ARCHITEKT?

Nicht selten wird bei der Diskussion über Architektenhonorare auf ihre Abhängigkeit von der Bausumme hingewiesen. Das ist grundsätzlich nicht falsch, in der Praxis der Einfamilienhausplanung aber nur von beschränkter Bedeutung, denn auch in den Grenzen der geltenden Honorarordnungen existiert zumeist ein gewisser Spielraum.
Die deutsche HOAI unterteilt die Honorarsätze nach der Höhe der anrechenbaren Kosten des jeweiligen Gebäudes, wobei nach Honorarzonen spezifiziert wird. Dabei wird im Normalfall der Durchschnittswert aus dem niedrigsten (von…) und dem höchsten Honorarwert (bis…) gebildet. Zur Orientierung lässt sich sagen, dass im Normalfall etwa 15% der in der Kostenschätzung ermittelten Gebäudekosten als Architektenhonorar anzusetzen sind. Der Architekt wird bei einem in der Planung und Betreuung vergleichsweise aufwändigen Einfamilienhaus nicht immer an die untere Grenze der Honorarordnung gehen können, zumal private Bauherren oftmals eine intensive Betreuung erwarten. Gegebenenfalls besteht die Möglichkeit, bei einer Unterschreitung der angesetzten Bausumme – beispielsweise je 1.000 Euro Kostenunterschreitung – einen gemeinsam zu vereinbarenden Honorarbonus zu zahlen.

Fällt die Architektur so gut aus wie in diesem Fall und bleiben die Kosten zudem noch im Rahmen, nützt dies den Bauherren und bringt dem Architekten wertvolle Mund-zu-Mund-Propaganda (Planung: Ernst Michael Jordan).

Dies kann fallweise durchaus ein guter Weg sein, den zusätzlichen Aufwand des Architekten angemessen zu vergüten und gleichzeitig die eigenen Kosten zu verringern.
Nicht zielführend erscheint hingegen die im deutschen Fall diskutierte Nivellierung der Honorarordnung für Architekten (HOAI), die faktisch fast auf deren Abschaffung hinausliefe und den bereits feststellbaren Trend zum Honorardumping verstärken würde, ohne dem Bauherrn einen feststellbaren Nutzen zu bringen. Denn bei immer geringerem Honorar kann es sich auch ein engagierter Architekt nicht mehr leisten, sich intensiv mit privaten Bauvorhaben zu beschäftigen. Genau diese intensive Auseinandersetzung ist aber für das Entstehen erstklassiger und dabei preisbewusster Wohnarchitektur unabdingbare Voraussetzung.
In Österreich wurde mit Beginn des Jahres 2007 die Gültigkeit aller Honorarleitlinien, so auch die bis

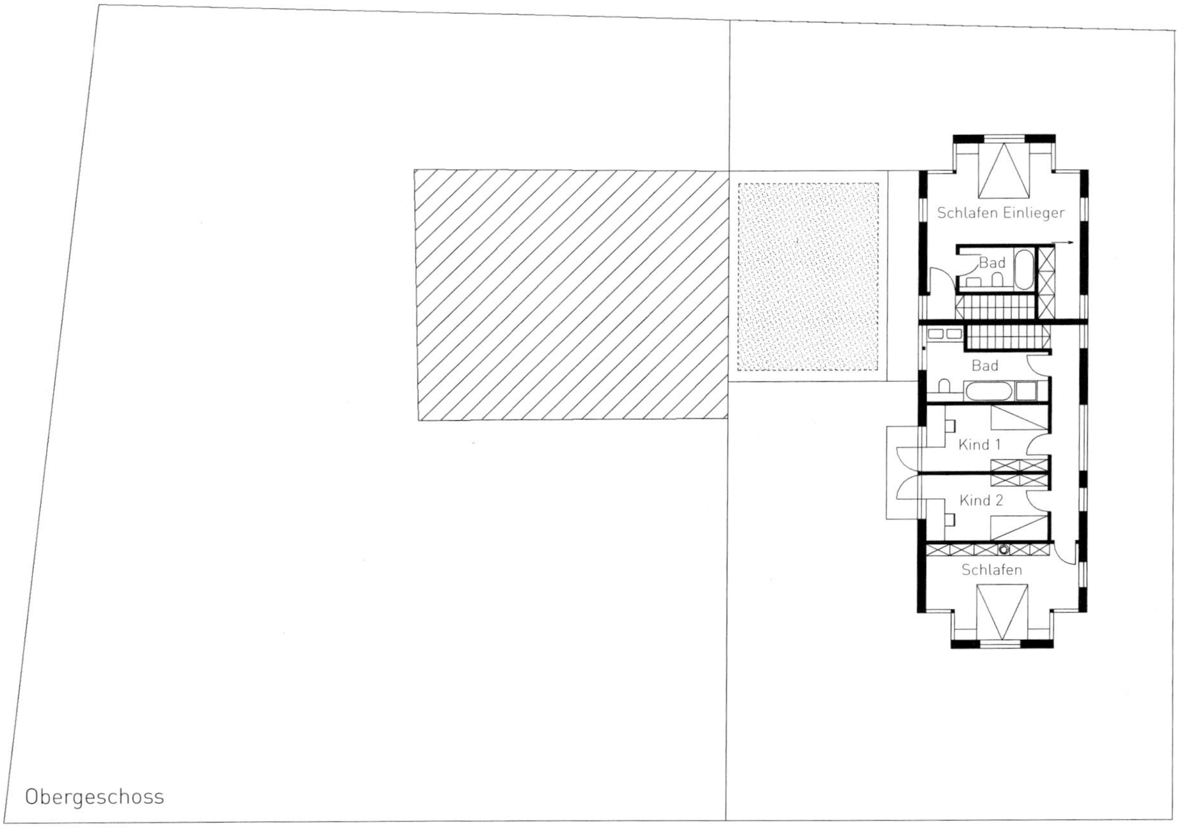

Dieses von Architekt Gernot Vallentin geplante Einfamilienhaus mit integrierter Einliegerwohnung nützt die beengten Grundstücksverhältnisse und die örtlich erlaubten Grenzabstände optimal aus. Die schmal rechteckige Grundfläche des Hauses folgt dem Zuschnitt der Parzelle. Ein kleiner Zugangsbereich und eine Sichtschutzwand schaffen den nötigen visuellen und akustischen Abstand zur nördlichen Zufahrtsstraße.

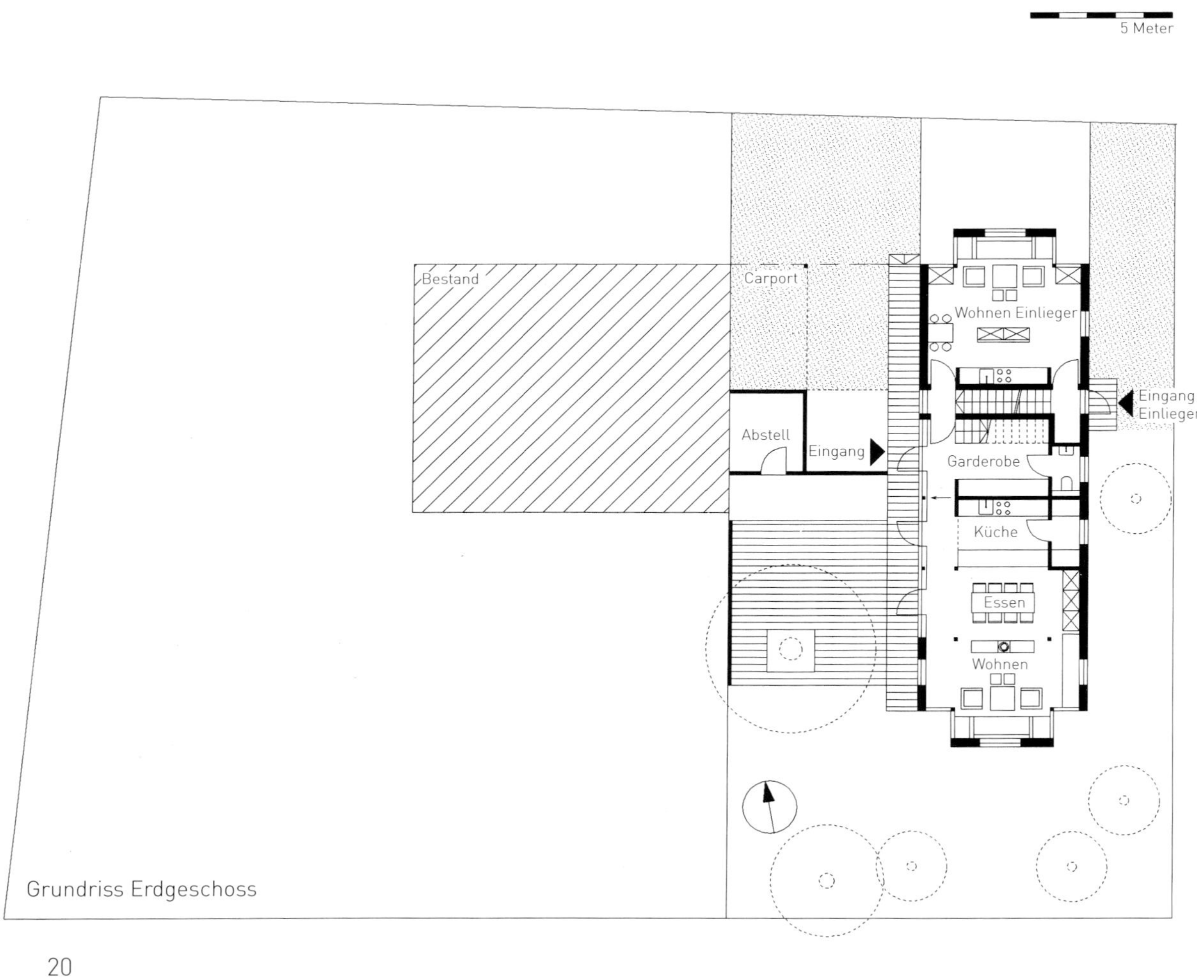

dahin greifenden Honorarleitlinien der Ziviltechniker der Kammer für Architekten und Ingenieurkonsulenten, außer Kraft gesetzt. Nur bestehende Verträge blieben davon unangetastet.
Die Honorarordnung für Architekten in der Schweiz (berechnet nach der Ordnung 102 des SIA) bemisst die Leistungen grundsätzlich nach Baukategorien, deren Einteilung wiederum nach dem Schwierigkeitsgrad der Bauaufgabe erfolgt und die Höhe der anzusetzenden Prozentsätze vom Honorar bestimmt. Ferner ist die Höhe der honorarberechtigten Baukosten für den Honoraransatz entscheidend – je höher die Baukosten, desto tiefer der Prozentsatz. Alternativ kann auch eine Pauschalhonorierung vereinbart werden, die sich großenteils nach den gerade beschriebenen Berechnungsgrundsätzen richtet, aber (auf der Grundlage des Kostenanschlags) einen unveränderlichen Fixbetrag festlegt. Insbesondere kleinere Aufgaben oder etwa Expertentätigkeit können nach Zeitaufwand abgerechnet werden. Nicht unbedingt notwendige Zusatzleistungen (zum Beispiel Modellerstellung) sind gegebenenfalls zusätzlich zu vergüten (siehe auch www.baudoc.ch).

Wenn Kosten keine dominierende Rolle spielen und es mehr um die persönlich bevorzugte Architektursprache und die der Aufgabe bestangepasste Lösung geht, können Bauherren auch den Weg eines begrenzten privaten Wettbewerbs gehen: Hier werden mehrere Architekturbüros eingeladen und um die Erstellung von Entwürfen gebeten. Das Büro mit der bevorzugten Variante erhält den Auftrag, die übrigen vorher festgesetzte Geldbeträge.

In beiderseitigem Interesse sollte vor Beginn der Zusammenarbeit ein Architektenvertrag abgeschlossen werden, in dem alle Rechte und Pflichten festgehalten werden. Im Allgemeinen finden sich darin auch Bestimmungen über die Erbringung von Leistungen und Zahlungszeiträume. Eine genaue Überprüfung und eine genaue Abklärung der Inhalte mit dem Architekten vor der Unterzeichnung erspart spätere Missverständnisse und Schwierigkeiten. Auf den Websites von Architektenkammern finden sich Vordrucke für Architektenverträge (zum Beispiel www.byak.de) und für Freianlagenverträge mit Landschaftsarchitekten (siehe etwa www.akbw.de)

BAUVORSCHRIFTEN UND BAUGENEHMIGUNG ERFOLGREICH MEISTERN

Ungeachtet der aktuellen Tendenz, baurechtliche Vorgaben zu liberalisieren, sollte zu einem möglichst frühen Zeitpunkt der Kontakt mit der zuständigen Baugenehmigungs-Behörde gesucht werden. Hier erhält man Auskunft, ob ein formelles Genehmigungsverfahren notwendig ist, wie die Vorgehensweise ist, welche Unterlagen im Einzelnen benötigt werden und wie lange die Baugenehmigung voraussichtlich in Anspruch nimmt. Im Normalfall ist von zwei bis drei Monaten auszugehen, falls alles reibungslos vonstatten geht. Kommt es erst einmal zu einem ablehnenden Bescheid oder ist zusätzlicher Diskussionsbedarf vorhanden, kann sich dieser Prozess aber auch deutlich verlängern. In einigen Ländern und Regionen besteht die Möglichkeit, eine so genannte Bauvoranfrage zu stellen, die dann von der Genehmigungsbehörde beantwortet wird. Eine solche Bauvoranfrage mit Vorbescheid, also vor der Erstellung der detaillierten Genehmigungsunterlagen empfiehlt sich insbesondere dann, wenn – etwa aufgrund einer ungewöhnlichen Architektursprache des Bauvorhabens – Schwierigkeiten bei der Genehmigung absehbar sind. Wurde ein Architekt beauftragt, übernimmt dieser die Kontaktaufnahme mit der zuständigen Behörde und das Einreichen der Pläne, Beschriebe und Fachgutachten. Der Planer ist oft aufgrund seiner Kompetenz bekannt und kann auf Grundlage dieser Vertrauensbasis teils auch wertvolle Überzeugungsarbeit leisten. Bei vereinfachten Genehmigungsverfahren genügt teils die Anzeige eines Bauvorhabens, aber auch hier gelten bindende Regelungen.

BEBAUUNGSPLÄNE UND BAURECHTLICHE VORGABEN

Nicht für alle, aber für neu ausgewiesene Baugebiete existieren in aller Regel örtliche Bebauungspläne. Bebauungspläne regeln in Deutschland nach §16 der Baunutzungsverordnung (BauNVO) das so genannte Maß der baulichen Nutzung. Dazu zählen etwa die Grundfläche des Gebäudes oder Grundflächenzahl (GRZ), die Zahl der Vollgeschosse (definiert in den einzelnen Landesbauordnungen) und die Geschossflächenzahl (GFZ). Die Grundflächenzahl GFZ gibt die zulässige Gebäudegrundfläche an. Bei einem angegebenen Wert von 0,3 gleich

Häuser in naturnaher Umgebung sollten sich in ihrer Kubatur und Fassadengestalt eng an die morphologischen und natürlichen Gegebenheiten anpassen. Dieses großzügige Wohnhaus im Allgäu duckt sich gleichsam in das Gelände, die Fassade aus unbehandelten heimischen Lärchenschindeln stellt einen engen Bezug zum regionalen Naturraum her (Planung: Walter Felder, Michael Becker und Rolf Ennulat).

3/10 der Grundstücksfläche ergibt sich bei einer Grundstücksgröße von 1000 m² eine Geschossfläche von 300 m². Bei zwei erlaubten Vollgeschossen errechnet sich eine zulässige Gebäudegrundfläche von 300:2=150 m². Die Grundflächenzahl GRZ bestimmt, wie viel Quadratmeter Grundfläche je Quadratmeter Grundstücksfläche zulässig sind. Örtlich erlassene Bausatzungen regeln teils auch weitergehende Bestimmungen wie etwa die Gestaltung von Grundstückseinfriedungen.

Meistens ist in Bebauungsplänen für jedes bebaubare Grundstück ein so genanntes Baufenster markiert, das durch eingetragene Baulinien und Baugrenzen bestimmt wird. Rot eingetragen werden die so genannten Baulinien, an die ein Gebäude herangerückt werden muss. Die in Blau gehaltenen Baugrenzen geben an, bis zu welcher Grenze höchstens bebaut werden darf. Der außerhalb des Baufensters situierte Teil des Grundstücks darf nicht mit einem Wohngebäude bebaut werden. Gesetzlich geregelte, im deutschen Fall in den Landesbauordnungen festgeschriebene Abstandsflächen bezeichnen die Mindestabstände, die ein Gebäude von einem bebauten oder unbebauten Nachbargrundstück beziehungsweise von öffentlichen Flächen (Straßen, Wege) aufweisen muss.

Bebauungspläne können von den gesetzlich festgeschriebenen Werten unter bestimmten Voraussetzungen abweichen, ebenso sind Befreiungen vom Bebauungsplan möglich, insoweit die Nachbarn dadurch nicht in unzumutbarer Weise beeinträchtigt werden. Durch die schriftliche Zustimmung der Nachbarn werden spätere Probleme zum größten Teil vermieden.

In Bebauungsplänen getroffene Verfügungen zu der Anzahl der Vollgeschosse (zum Beispiel EG und DG), zur Dachneigung, zu Typ und Farbe der Dachdeckung und der Kniestockhöhe erscheinen zum Teil gut gemeint, verhindern in der Praxis aber kaum schlechte, sondern häufig gute Architektur. Ausladende Walmdächer, monströse Erker, ästhetisch verheerende Dachgauben und goldgesprosste Kunststofffenster haben in der Regel keine Ablehnung zu befürchten. Hinzu kommt, dass die zuständigen Stellen und Entscheidungsgremien auf kommunaler Ebene und insbesondere in ländlichen Gebieten nicht immer die Kompetenz und das Selbstbewusstsein besitzen, gute Architektur zu beurteilen oder gar zu fördern. Insofern kann es sogar Sinn haben, das Baugrundstück nach Maßgabe der jeweiligen lokalen beziehungsweise regionalen Genehmigungspraxis auszuwählen.

BESONDERHEITEN BEIM BAUEN IN LÄNDLICHEN REGIONEN

Bei naturnah beziehungsweise in ländlichem Umfeld gelegenen Grundstücken sind einer Neubebauung oft enge Grenzen gesetzt, wenn sich die Parzelle nicht in einem ausgewiesenen Neubaugebiet befindet. Teils ist es Voraussetzung für eine Bebauung, dass Bestandsgebäude vorhanden sind, wobei dann zumeist deren Abmessungen als Grenzen der Bebaubarkeit herangezogen werden. Grundsätzlich geht die Tendenz in Deutschland (vgl. §35 BauGB), Österreich und der Schweiz dahin, den Außenbereich von Siedlungen frei von Bebauung zu halten. Im Fall der Schweiz wird im Baurecht explizit zwischen Bauzone und Landwirtschaftszone unterschieden. Auch in Österreich ist die Bebauung des so genannten Freilands eng reglementiert. Diese Maßnahmen dienen nicht zuletzt dazu, weitere Landschaftszersiedlung zu verhindern und landwirtschaftliche Flächen zu bewahren. Teils gelten auch besondere Einschränkungen für die Bebaubarkeit von Grundstücken, die als durch Lawinen, Wildbäche, Steinschlag, Erdrutsch und andere Naturgefahren gefährdet eingestuft sind.

BESONDERHEITEN BEIM BAUEN IN WASSERNÄHE

Wohnen mit Blick aufs Wasser, sei es ein See, Fluss oder Bach – solche Standorten werden für das eigene Traumhaus bevorzugt. Die Hochwasserereignisse der letzten Jahre haben jedoch die Auflagen für die Baulandausweisung und für die Genehmigungspraxis von Neubauvorhaben in gefährdeten Lagen deutlich strenger werden lassen. Dabei haben Bauherren bei Grundstücken mit potenzieller Hochwassergefährdung damit zu rechnen, dass das Baubegehren abgelehnt wird. Das ist natürlich fatal, wenn die Parzelle im guten Glauben als Bauland zum entsprechenden Preis erworben wurde. Daher muss es im Vorfeld des Erwerbs darum gehen, die Bebaubarkeit besonders sorgfältig in Schriftform durch die örtlich zuständige Baubehörde absichern zu lassen. Örtlich ausliegende Informationen über Gefahrenzonen und Gefahrenkarten geben etwa in der Schweiz und in Österreich Aufschluss über Hochwassergefahren. Zumeist sind diese Informationen Teil der jeweils geltenden Flächenwidmungspläne. Zusätzliche Informationen erhält man von Wasserwirtschaftsämtern und nicht zuletzt aus dem Gespräch mit Nachbarn, die die örtliche Hochwasserentwicklung der Vergangenheit am besten kennen.

Wird in wassernahen Bereichen gebaut, empfiehlt sich schon aus Kostengründen der Verzicht auf den Keller. Am besten wird der ganze Baukörper erhöht auf Punktfundamente aus wasserundurchlässigem WU-Beton und Stützen aus WU-Beton oder Stahl gestellt oder mit erhöhtem Sockel aus WU-Beton ausgeführt. Die Höhe der Bodenplatte über dem Erdboden sollte sich am höchsten jemals gemessenen Wasserstand orientieren und hierauf sollte man nochmals einen Sicherheitsbehalt von mindestens etwa 50 Zentimetern einplanen. Alle unter dem Niveau der Bodenplatte liegenden Bauteile müssen aus entsprechendem Material bestehen – beispielsweise die Treppe aus verzinkten Stahlgitterrosten oder Beton, Geländer und Handlauf aus Edelstahl. Auch wenn keine Überschwemmungen zu befürchten sind, muss die Bodenplatte bei hohem Grundwasserstand und drückendem Grundwasser zur zuverlässigen Abdichtung aus wasserundurchlässigem WU-Beton hergestellt sein. Wenn die Tragfähigkeit des Untergrunds Anlass zu Zweifeln gibt, müssen gegebenenfalls vor Beginn der Planung fachgeologische Untersuchungen beauftragt werden.

Wird in hochwassergefährdeten Bereichen gebaut, sind entsprechende bautechnische Vorkehrungen zu treffen. Hier wurde von den Architekten ein überflutbarer Kellerraum vorgesehen. Die Öffnungen im Sockelbereich lassen im Hochwasserfall kontrolliert Wasser eindringen und verhindern so Schäden am Gebäude – etwa durch Auftrieb (Walbrunn Grotz Architekten).

Links: Ältere Siedlungsgebiete weisen oft große Gärten auf, die bestens zur Nachverdichtung genutzt werden können. Wenn so flächensparend wie hier gebaut wird, bleibt meist noch ausreichend Gartenraum übrig (Planung: Andreas Petermann).

Rechte Seite: Die heute zumeist ausgewiesenen Baugrundstücke erfordern eine optimale Platzierung der Gebäude. Hier wurden zwei Häuser traufseitig nur mit dem notwendigen Abstand zur Straße ausgerichtet, um eine möglichst große und gut nutzbare Gartenfläche zu erhalten. Eine Gartenmauer aus Backsteinen verbindet die beiden Gebäude und separiert den privaten vom öffentlichen Raum (Planung: Richard Stihler).

STADTNAH WOHNEN IN GEWACHSENEN SIEDLUNGSBEREICHEN

Aufgrund des insbesondere in Großstadtlagen knapper werdenden Angebots an Neubauparzellen kommen immer mehr Grundstücke für eine Neubebauung in Frage, die als Restgrundstücke in bestehenden Siedlungen liegen oder auf denen sich bereits ein noch bewohnbares beziehungsweise bewohntes Gebäude befindet und dessen Garten noch genug Platz für eine Verdichtung bietet. In diesen Fällen ist meist schon ein Teil der Erschließung vorhanden – insbesondere Straßen, Zufahrten, Strom, Wasser und Kanalisation, teils auch Gas. Dadurch sparen die Bauherren sowohl die Kosten für die Anlage dieser Infrastruktur als auch die Erschließungsabgaben, die von der öffentlichen Hand erhoben werden. Jedoch sollte vor dem Kauf eines solchen Grundstücks durch Einsicht der Grundbuchakten genau geprüft werden, ob für das Grundstück eine Teilungsgenehmigung vorliegt und ob es ordnungsgemäß vermessen ist. Ferner muss eine ungehinderte Zufahrt zum Haus sowie die Verlängerung der Leitungen möglich sein. Dazu ist gegebenenfalls das schriftliche Einverständnis des Verkäufers beziehungsweise aller Inhaber von Durchfahrtsrechten einzuholen. Gehört das bestehende Wohngebäude einem Familienmitglied oder handelt es sich gar um das Elternhaus, gestaltet sich die Regelung von Rechten meist unproblematisch. Ein weiterer Vorteil besteht dann auch darin, dass meist das Heizsystem des Bestandshauses »angezapft« und somit beträchtliche Investitionskosten für eine eigene Anlage eingespart werden können.

DIE STELLUNG DES HAUSES IM RAUM

Sofern die örtlichen Baubestimmungen dies zulassen, sollte das Haus möglichst dicht an den Straßenraum herangerückt werden, um die verbleibenden Freiflächen bestmöglich auszunutzen. So bietet sich zumeist noch genügend Platz für einen ausreichend großen, zusammenhängenden Garten, einen Freibereich zum Fußball- oder Federballspielen und das Aufstellen von Spielgeräten. Ist das Gebäude dagegen nahezu mittig auf dem Grundstück platziert, bleiben auf allen Seiten nur kaum nutzbare Reststreifen übrig. Ferner werden durch eine solche falsche Anordnung die Erschließungswege und Leitungen unnötig verlängert und verteuert, sowie wertvolle Grundstücksfläche vergeudet.
Bei knappem Platzangebot, wie es häufig bei der Nutzung von Restgrundstücken vorliegt, besteht grundsätzlich die Möglichkeit, auf die Grenze zum Nachbarn zu bauen, sofern dieser schriftlich sein Einverständnis erklärt und die baubehördliche Genehmigung vorliegt. Hier gelten in aller Regel Einschränkungen wie etwa der Verzicht auf Fensteröffnungen, der sich insbesondere aus Brandschutzgründen erklärt. Teils lassen sich sogar vorhandene Nebengebäude wie etwa Garagen nutzen, um dort Wohngebäude aufzustocken. Zum Ausgleich der fensterlosen Außenwand können auf den übrigen Seiten große Glasflächen sowie Dachverglasungen vorgesehen werden.

DIE IDEALE LÖSUNG: GRUNDRISS UND RAUMPROGRAMM

Bereits vor der Kaufentscheidung stellt sich die Frage nach den Möglichkeiten für die Bebaubarkeit und die bestmögliche Ausnutzung eines Grundstücks hinsichtlich des planerischen Spielraums. Die Lage der Parzelle im Raum bestimmt dabei die Möglichkeiten der Belichtung und der passiven Nutzung der Sonnenenergie. Grundsätzlich stellt die Orientierung der Hauptfassaden mit den größten Belichtungsöffnungen nach Süden und Westen die optimale Lösung dar. Ausnahmen sind vor allem dann denkbar, wenn sich nach Osten oder Norden ein schöner Weitblick bietet, der für das Wohnerlebnis übergeordnete Bedeutung hat. Insbesondere die weitgehend sonnenabgewandte Nordseite kann gut zur Straße hin orientiert sein und sollte schon aus Gründen des Wärmeschutzes in der Regel nur relativ kleine Öffnungen aufweisen. Entsprechend werden hier diejenigen Teile des Raumprogramms vorgesehen, die untergeordneten Funktionen dienen oder nicht auf reichliche Belichtung angewiesen sind (Lagerräume, WC, Flur, Treppe, Garage und anderes). Auch Elternschlafräume lassen sich gut in der Nordostecke eines Gebäudes unterbringen, zumal dort meist keine intensive Sonneneinstrahlung erwünscht ist. Dagegen sollten die Funktionen Wohnen, Essen, Kochen und die Kinderzimmer nach Möglichkeit nach Süden oder Westen ausgerichtet sein.

RAUMPROGRAMM MIT WEITBLICK

Ein Haus sollte im idealen Fall nicht nur für die aktuelle Lebensphase, sondern auch für die Zukunft gebaut sein. Das heißt, Raumbeziehungen und Trennwände sollten im Hinblick auf eine spätere Zusammenlegung sinnvoll zugeordnet und reversibel sein, also bei Bedarf – etwa nach dem Auszug der Kinder oder bei Schaffung eines Heim-Büros – ohne großen Aufwand umorganisiert werden können. Wird etwa im Erdgeschoss eine Gästetoilette mit Dusche der Garderobe zugeordnet, kann daraus im Alter ein großes Bad entstehen. Ist im Grundriss bereits die Abtrennung einer Einliegerwohnung mit eingeplant, kann dies durch entsprechende Mieteinnahmen auch zur Alterssicherung beitragen. Bei mehrgeschossiger Bauweise ist es empfehlenswert, das Erdgeschoss von vorne herein so zu planen, dass im Alter oder bei Krankheit alle Räume des täglichen Lebens (Wohnen, Essen, Kochen, Schlafen, Bad, WC) im Erdgeschoss vereinigt werden können.

BARRIEREFREI BAUEN

Auch wenn es selten möglich sein wird, das gesamte Gebäude barrierefrei zu planen, sollten doch zumindest die konstruktiven Möglichkeiten geschaffen werden, später entsprechend nachzurüsten – etwa durch ausreichend Platz für den späteren Bau einer Eingangsrampe. Barrierefreie Gebäude zeichnen sich durch Schwellenlosigkeit aus (siehe hierzu auch die DIN 18025 Teil 2), das heißt, sie weisen außerhalb und innerhalb des Hauses keine Stufen oder hohen Schwellen auf. Bewegungsflächen vor Einrichtungselementen müssen mindestens eine Fläche von 1,20 x 1,20 Meter aufweisen, die lichte Durchgangsbreite bei Hauseingangstüren muss mindestens 90 Zentimeter, bei Innentüren 80 Zentimeter betragen.

Durch eine Anbaulösung lässt sich wie in diesem Beispiel auch auf kleinen Parzellen großzügiger Wohnraum und dennoch ein gut nutzbarer, sichtgeschützter Garten schaffen. Die Erschließungszone mit der Treppe ist sinnvoll dem Eingang zugeordnet, die Funktionen Wohnen, Essen und Kochen gehen ineinander über und bieten unmittelbaren Bezug zum Garten. Das Obergeschoss weist eine klare Gliederung mit gleich großen Kinderzimmern und einem separierten Elternbereich sowie entsprechend zwei eigenen Bädern auf. Auf dem Flachdach wurde eine großzügige Dachterrasse angelegt, die zusätzlichen Raum im Freien bietet (Planung: mrb architekten).

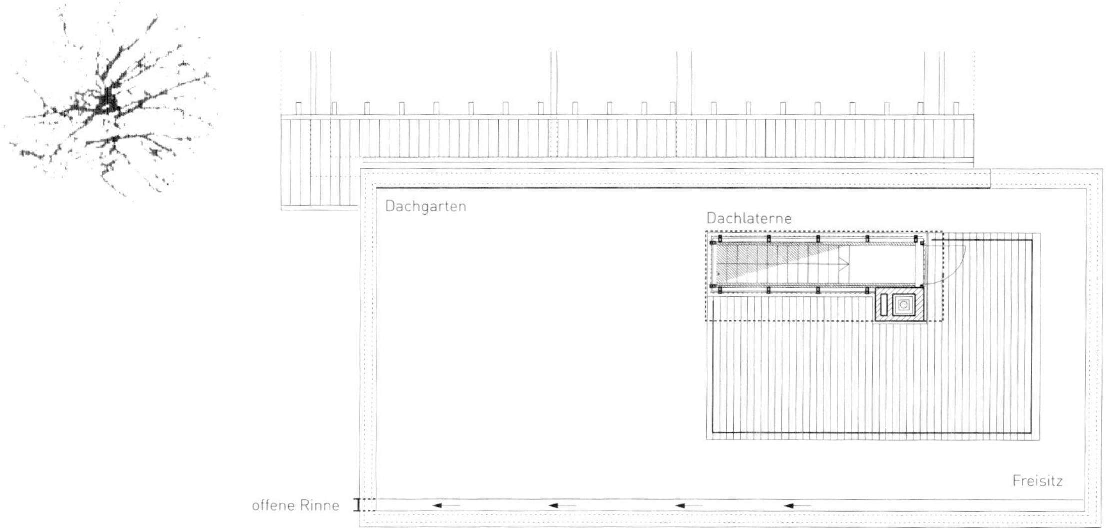

Dachgeschoss

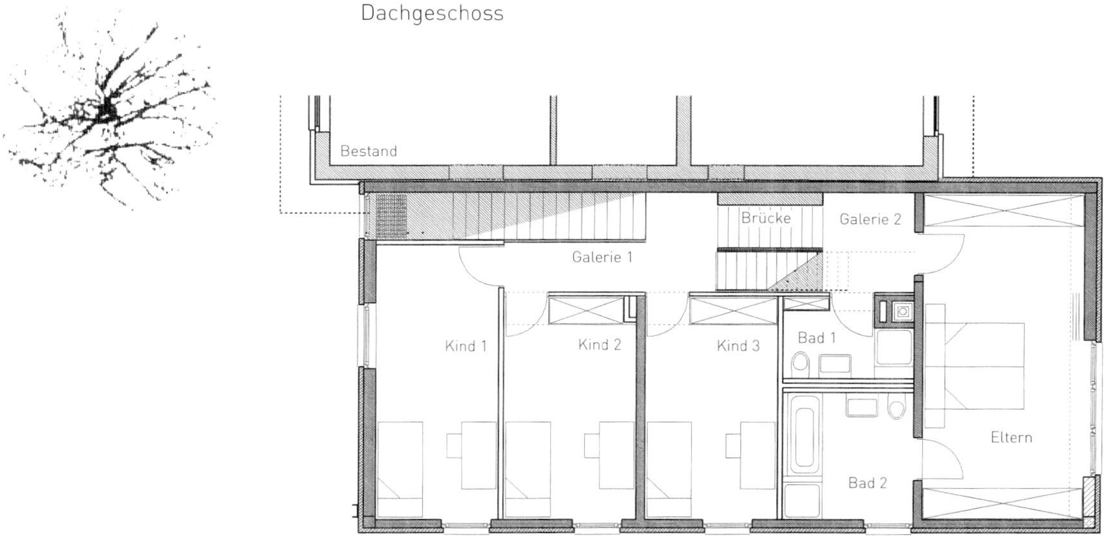

Obergeschoss

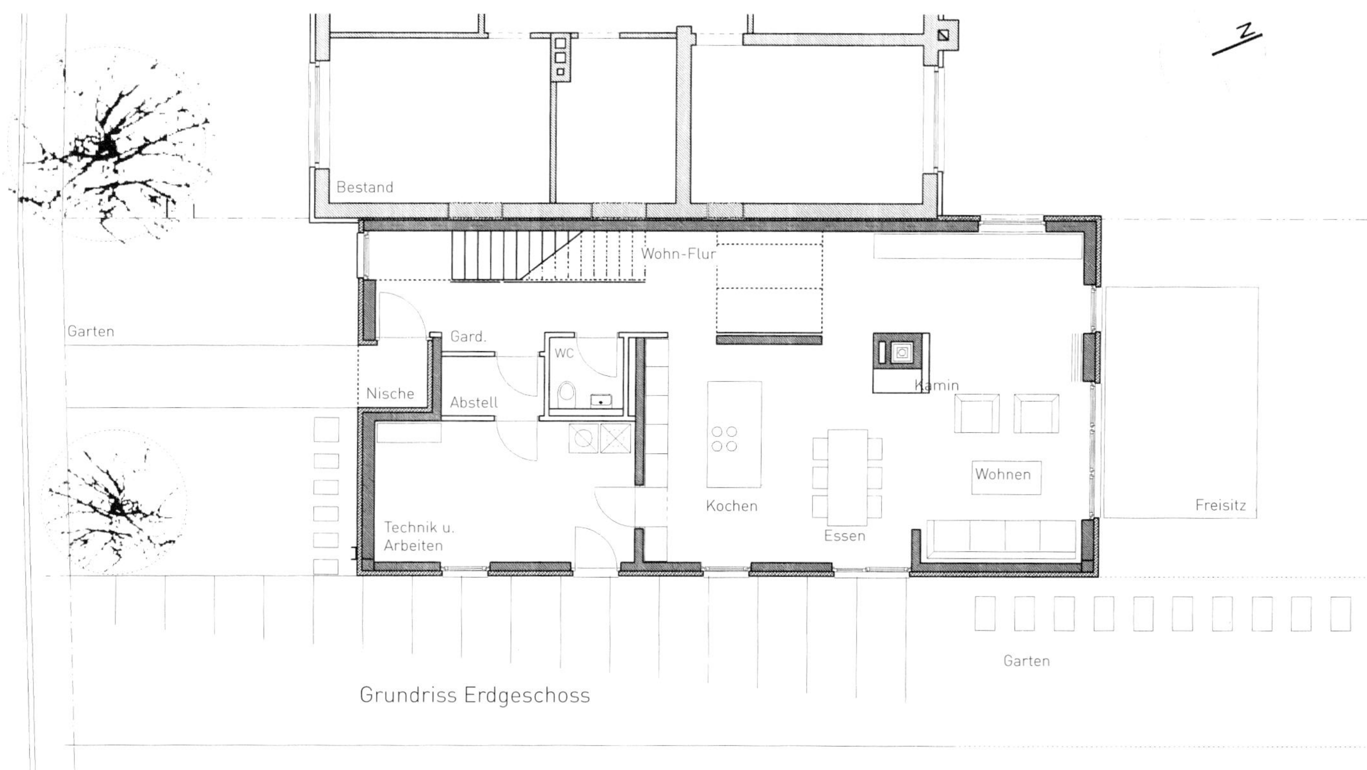

Grundriss Erdgeschoss

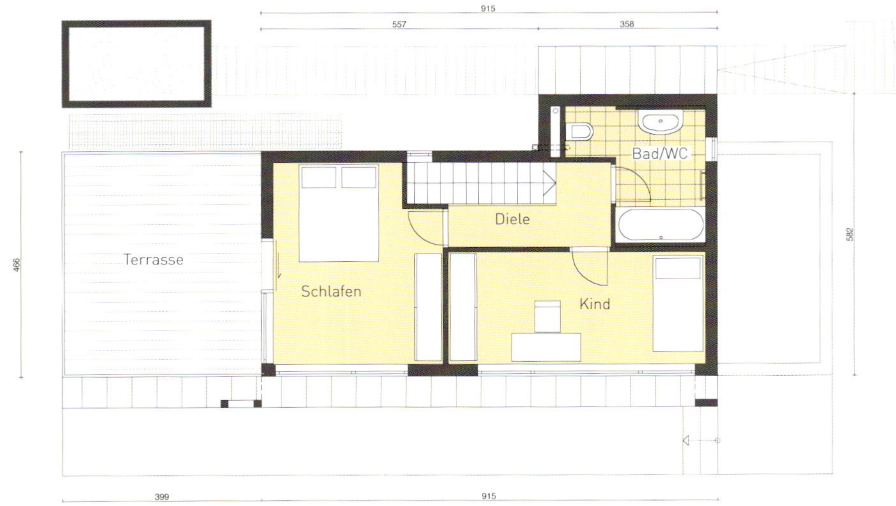

Obergeschoss

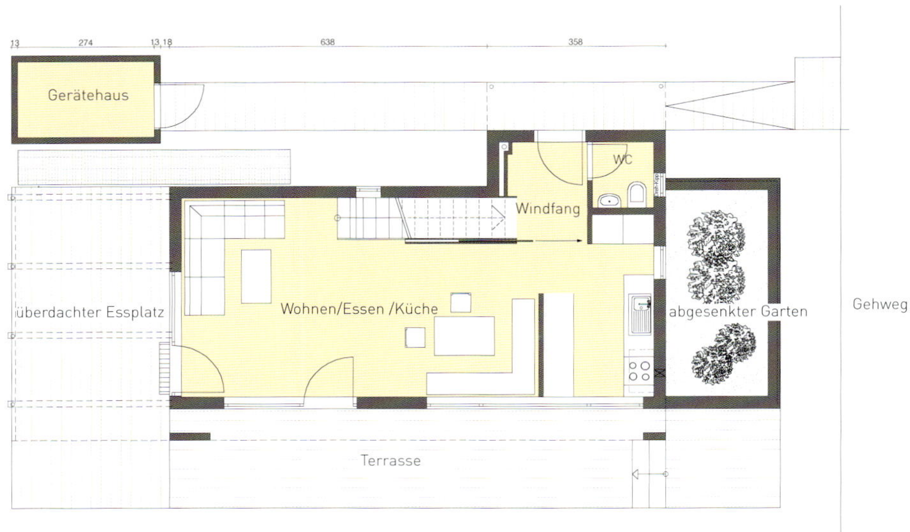

Erdgeschoss

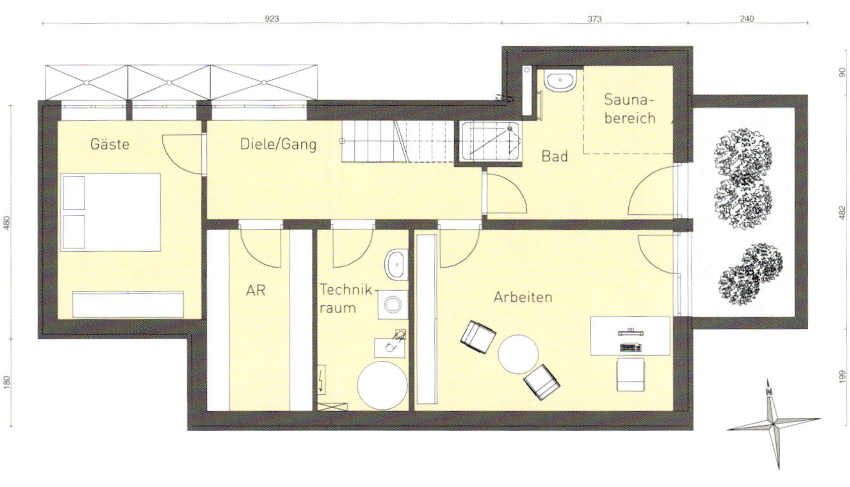

Grundriss Kellergeschoss

Auf räumlich beschränkten Parzellen mit meist beschränkter Bebaubarkeit kommt es darauf an, die Grundfläche durch mehrere Ebenen übereinander optimal auszunutzen und so ausre - chend Wohn- und Nutzfläche zu schaffen. Der Keller ist in diesem Fall eine wichtige Komponente in der Gesamtplanung. Arbeitsraum und Bad haben einen abgesenkten Garten erhalten, der als Lichthof gleichzeitig für die Belichtung der unteren Räume sorgt. Das Erdgeschoss ist als Einraum für Wohnen, Essen und Kochen konzipiert und wird durch einen Essplatz erweitert, der gleich kosteneffizient durch die Terrasse des Obergeschosses überdacht ist (Planung: kubusRot architekten/Jakob Oberwalder).

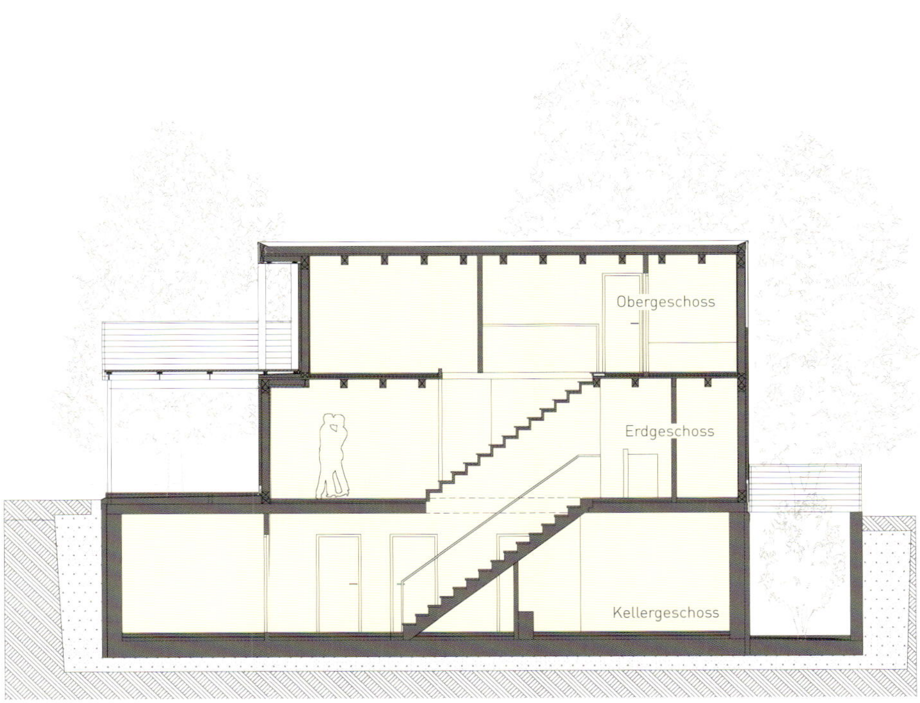

Schnitt

Das klassische Atrium-Haus, hier mit einem großzügigen Raumprogramm von nahezu 160 Quadratmetern auf einer Ebene, bietet einen geschützten Aufenthalt im Patio und separiert die Wohnbereiche im Grundriss. Bei eingeschossiger Bauweise mit Flachdach oder wie hier EG+DG und Öffnung des Innenhofs nach Süden ist eine praktisch ganztägige Besonnung des Atriums gewährleistet. Die Garage ist in die Architektur integriert (Planung: Wilhelm Drexel/ thomas.drexel@t-online.de).

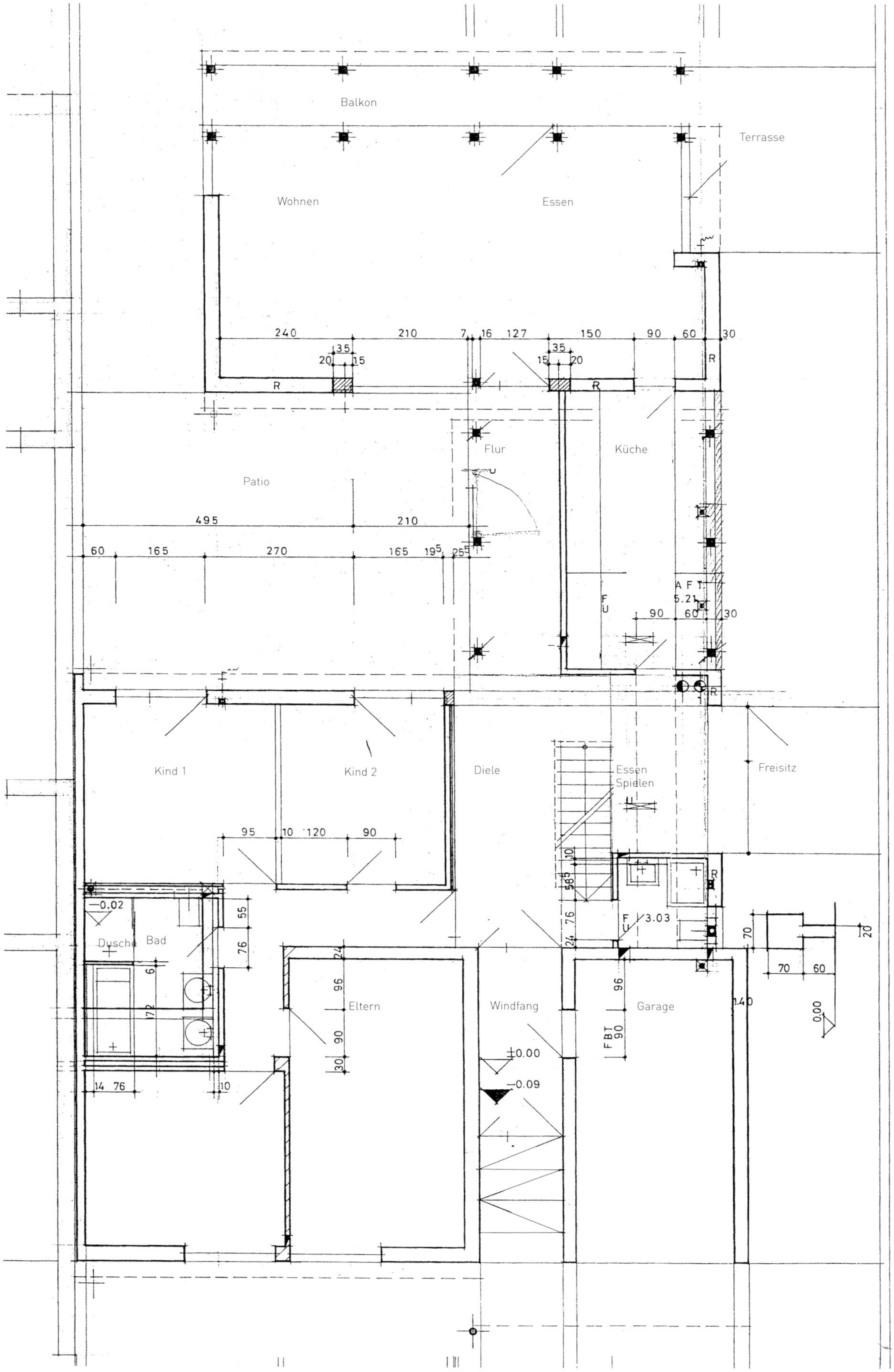

Die Ausrichtung der Hauptwohnräume nach Süden und Westen sowie ihre großzügige Verglasung gehören, soweit es die Grundstücksverhältnisse zulassen, zum Grundprogramm guter Wohnhausarchitektur, die lichte Räume und ein angenehmes Wohngefühl schaffen. Konstruktiver Sonnenschutz wie auskragende Dächer verhindern eine sommerliche Überhitzung, Terrassen erweitern gleichsam den Wohnraum nach draußen (Planung: oben atelier-f/Kurt Hauenstein, unten wellmann ladinger architekten).

Links beide: Die gemeinsame Organisation der Funktionen Wohnen, Essen und Kochen wird zunehmend zum Standard im Einfamilienhausbau, da dies das Raumgefühl verbessert und zudem Kosten spart. Im oberen Bild kann die Küche bei Bedarf durch Holzrahmen-Schiebetüren mit gläsernen Füllungen abgetrennt werden, im unteren Bild strukturiert der Küchenblock den Raum (Planung: oben Walter Engl, unten Ivano Iseppi).

Rechte Seite: Große Raumhöhen und entsprechender Luftraum entstehen durch den Verzicht auf Decken oder durch den Einbau von Galerien, die Durchblicke zwischen den Ebenen erlauben (Planung: oben hicker architekten, unten rechts Joachim Heinzmann, unten links Stumpf + Wolfinger Architekten).

OFFENE RÄUME – ATTRAKTIV UND WANDELBAR

In den letzten Jahrzehnten haben sich die Wohnvorstellungen und Wohnwünsche stark verändert. Waren früher auf einer insgesamt deutlich geringeren Gesamt-Wohnfläche viele kleine Räume vorhanden, die teils noch durch dunkle Flure erschlossen waren, besteht heute ein Trend zum möglichst offenen und großzügigen Leben. Zumindest zentrale gemeinsame Funktionsbereiche wie Wohnen, Essen und Kochen sind oft in einem Raumkontinuum angeordnet. Erschließungsbereiche wie Eingang, Flur und Treppe können gegebenfalls noch darin einbezogen sein. Die visuelle Offenheit eines Raums ist zu einem wichtigen Element des Wohnwerts geworden, loftartiges Leben hat auch in das Einfamilienhaus Einzug gehalten. Mit funktionierender Dunstabzugstechnik ist heute auch die Geruchsentwicklung beim Kochen im Grunde kein Argument mehr für die Separierung der Bereiche. Dennoch besteht die Möglichkeit, mit flexiblen Abtrennungen, beispielsweise Schiebetüren aus Glas oder in Holzkonstruktion mit Glasfüllungen, die verschiedenen Bereiche nach Bedarf zu trennen oder zu verbinden. Der weitgehende Verzicht auf Barrieren beziehungsweise Zwischenwände im gemeinsam genutzten Hauptwohnbereich ist wegen der damit einhergehenden Reduzierung der Baumassen und Arbeitszeit immer auch ein Faktor im Konzept des kostengünstigen Bauens.
Neben der Vermeidung unnötiger vertikaler Barrieren tut es dem Raumgefühl auch gut, wenn nach oben Luftraum verbleibt. Anstelle vollständig geschlossener Obergeschosse können Galerien für Wohnraum sorgen und doch das Raumgefühl insgesamt erhalten. Damit ergeben sich sehr spannende Blickbeziehungen zwischen den unterschiedlichen Ebenen und reizvolle Ausblicke, energetische Nachteile sind bei richtigem Heizsystem nicht zu befürchten.

KINDERZIMMER: HELL UND SONNIG SOLL ES SEIN!

In der Hektik des Planungsprozesses geraten die Belange der Kinder ohne böse Absicht schon einmal unter die Räder – denn die Kleinen sitzen ja bei den Entscheidungen in der Regel nicht mit am Tisch. Dann kommen etwa Kinderzimmer mit bescheidener Belichtung und einer Grundfläche von unter zehn Quadratmetern heraus, die in keiner Weise mehr zeitgemäß sind. Auch wenn die schiere Wohnfläche eines Kinderzimmers nicht allein über dessen Wohnqualität entscheidet, so ist ein gewisses Minimum fürs Wohlfühlen doch unerlässlich. 12–13 Quadratmeter sollten es mindestens sein, denn hier müssen eine Reihe von Funktionen miteinander verwirklicht werden: Zunächst dient das eigene Zimmer als wichtiger Rückzugsbereich, in dem neue Kräfte gesammelt werden. Neben dem Bett, das auch als Hochbett ausgeführt sein kann, braucht es nach Möglichkeit auch eine »Höhle« oder Kuschelecke, daneben einen Freiraum zum Spielen mit Bauklötzen, Puppen oder Carrera-Bahn sowie einen Mal-, später Schreibtisch –, und Stauraum für die zahlreichen Besitztümer ist ebenfalls vonnöten.

Sind, wie dies insbesondere bei kleineren Geschwistern der Fall ist, zwei Kinder in einem Raum untergebracht, sollte dieser auch bei Vorhandensein eines Stockbetts mindestens etwa 16–17 Quadratmeter aufweisen. Wenn man beabsichtigt, ein großes gemeinsames Zimmer später zu teilen, muss es bei großen Deckenhöhen mindestens 24 Quadratmeter aufweisen. Die Trennwand wird am besten in Holzkonstruktion mit ökologischer Dämmung und einer Verschalung aus Holz- oder Gippsfaserplatten versehen. Im Hinblick auf eine optimale Reversibilität, also in diesem Fall die spätere Entfernbarkeit, sollten in der Wand keine Stromleitungen verlaufen. Bei großen Raumhöhen, die – etwa unter Dach – das Einziehen einer Schlaf- oder Spielgalerie ermöglichen, darf die Fläche des unteren Bereichs auch einmal etwas geringer ausfallen.

Da sich Kinder zuhause überwiegend in ihrem Zimmer aufhalten, muss dieses möglichst ganztags sehr gut belichtet sein. Mindestens ein großes Fenster nach Süden oder Westen ist im Neubau unabdingbar, um das Kinder-Reich nicht zum traurigen Verlies werden zu lassen, eine Südausrichtung aller Kinderzimmer aber noch weit besser. In aller Regel im Obergeschoss untergebracht, bietet es sich an, die Kinderzimmer mittels eines eigenen, sich über die gesamte Gebäudebreite erstreckenden Balkons nach draußen zu erweitern. Noch besser ist natürlich ein direkter Zugang zum Garten.

Zusatznutzen bringt auch ein den Kindern vorbehaltenes Spielzimmer, in dem größere Anlagen wie Eisenbahnen oder Playmobil-Landschaften aufgebaut werden, Rutsch- und Kletterburgen aufgestellt, gemalt und gebastelt oder auch nach Herzenslust getobt werden kann. Hier kann gegebenenfalls auch einmal mehr Unordnung herrschen als in den eigentlichen Kinderzimmern. Anstelle eines Spielzimmers kann auch ein Spielflur gute Dienste tun, der dann aber mindestens drei bis vier Meter breit sein sollte und im idealen Fall so platziert ist, dass Spiel- und Durchgangsfunktion sich nicht gegenseitig stören.

Linke Seite und rechts:
Gut lachen haben Kinder, deren Zimmer großzügig bemessen sind und die sogar noch über eine eigene zweite Wohnebene unter dem Dach, etwa in Form einer integrierten Galerie, verfügen (Planung: linke Seite Walbrunn Grotz Architekten, rechts oben may.schurr. architekten).

Rechts: Richtig gemütlich wird es mit einer wohngesunden Wand aus Massivholz, einem beschützenden Bett-Himmel und einem guten Belichtungs- und Beleuchtungskonzept

VOLLGESCHOSSE UND RAUMAUSNUTZUNG

Unter einem Vollgeschoss versteht man ein Geschoss, das vollwertig nutzbar ist und über die gesamte Fläche Raumhöhen von 2,50 Meter oder darüber aufweist. Sind behördlich zwei Vollgeschosse erlaubt und ist ein Flachdach oder Pultdach genehmigungsfähig, so stellt dies in der Regel die ideale Kombination aus Raumausnutzung und Kosten dar. Bei vorgeschriebener Bauweise mit Erdgeschoss und Dachgeschoss mit Satteldach ergeben sich dem gegenüber bei gleicher Grundfläche deutlich weniger Quadratmeter Wohnfläche, da die Dachschrägen die Nutzung des Obergeschosses einschränken. Soll der gleiche Wohnwert und das gleiche Raumangebot erreicht werden, muss nach Möglichkeit mit einer größeren Grundfläche geplant werden. Eine möglichst steile Neigung oder – ästhetisch überzeugende und zeitgemäße – Gauben können das Raumangebot unter einem geneigten Dach erhöhen. Steil geneigte Pultdächer erlauben es, bei vergleichsweise niedrigem finanziellen Aufwand unter Dach eine zusätzliche Ebene – etwa für eine Schlaf- oder Arbeitsgalerie – einzuziehen und zusätzlichen Luftraum zu schaffen, der dem Wohnerlebnis insgesamt sehr zugute kommt.

RUND UMS HAUSDACH

Die bereits oben angesprochenen Dachformen Flachdach und Pultdach sind neben ihren Kostenvorteilen oft auch die ästhetisch beste Wahl für zeitgemäße Wohnarchitektur. Gegen ein Haus mit eindeutig gestaltetem Satteldach ist ebenfalls nichts zu sagen, denn es kombiniert die geometrischen Grundformen des Dreiecks und des Vierecks in ihrer reinsten Form. Mansard-, Zelt- und Walmdächer bleiben im Normalfall historischen Gebäuden vorbehalten, wobei auch hier die gut gemachte Ausnahme einmal die Regel bestätigt. Krüppelwalme, die sich auf den beiden schmalen Seiten eines Gebäudes befinden und im Bestand besonders häufig in bestimmten Regionen wie dem Schwarzwald und Oberösterreich anzutreffen sind, sollten beim Neubau nicht in Betracht gezogen werden.

Bei geneigten Dächern, insbesondere Satteldächern, leistet eine weitgehend geschlossene Dachfläche ohne Einschnitte, ausladende Gauben und mit möglichst wenigen und klein dimensionierten Dachfenstern einen wichtigen Beitrag zu der erwünschten klaren und eindeutigen Architektursprache. Gute Lösungen zur Herstellung der notwenigen Belichtung können etwa ein verglaster Dachfirstbereich oder längs eingebaute Glasbänder sein.

Die Auswahl der Dachdeckung bei geneigten Dächern sollte sich ebenfalls dem Ziel unterordnen, größtmögliche gestalterische Eindeutigkeit zu erreichen. Steil geneigte Dächer können beispielsweise mit glatten, klar geformten Tondachziegeln oder Betondachsteinen, günstigeren Wellplatten aus Aluminium oder (heute asbestfreiem) Faserzement und vergleichsweise kostspieligen Deckungen aus Zink, verzinktem Stahl oder Kupfer gedeckt werden. Aus ökologischer Sicht ist allerdings das Schwermetall Kupfer am Bau in möglichst geringem Umfang einzusetzen. Eine innovative Variante der Steildachdeckung ist es, die eigentliche Dachhaut mit einer diffusionsoffenen, aber wasserdichten Bahn nach außen abzuschließen und anstelle einer traditionellen Dachdeckung die Holzfassade über die Dachfläche weiterzuführen (siehe hierzu das Bild auf Seite 40 unten rechts).
Für flache Dachneigungen eignen sich nur bestimmte Deckungen, die eine zuverlässige Wasserableitung gewährleisten. Aluminium- und Faserzementwellplatten können noch bei Dachneigungen bis zu 12° eingesetzt werden, wobei aber für eine fachgerechte Verlegung und vor allen Dingen für eine ausreichende Überlappung der Bahnen Sorge zu tragen ist. Mit Gummi-Dichtungen versehene Schrauben und Befestigungsmaterialien gewährleisten dabei auch die dauerhafte Wasserdichtigkeit an den Durchdringungsstellen.

Das in der Regel preislich unschlagbar günstige Flachdach ist entweder in Beton- oder Holzkonstruktion ausgeführt und mit mehrlagigen Bitumen- und/oder Naturkautschuk-Bahnen abgedichtet. Eine Kiesschicht kühlt, wobei eine extensive Begrünung noch wirksamer vor der sommerlichen Hitze schützt und auch wohluend temperiert. Hier muss allerdings eine zusätzliche, wurzeldichte Folie aufgebracht werden, bevor es mit dem Bepflanzen losgehen kann. Die Begrünung besteht am besten aus widerstandsfähigen, mit wenig Feuchtigkeit auskommenden Polsterstauden wie Sternmoos und Steppengräsern und kann dann im Grunde sich selbst überlassen bleiben. Soweit die Dachkonstruktion es zulässt, kann auch eine stärkere Humusschicht aufgebracht werden, um etwa kleine Gehölze pflanzen zu können. Alternativ kann man,

Linke Seite links: Häuser mit Flachdach weisen ein gutes Kosten-Nutzen-Verhältnis auf und bieten auch im Dachgeschoss vollwertig zu nutzende Wohnfläche (Planung: Dalla Corte + Völkle).

Linke Seite rechts: Steil geneigte Satteldächer bieten auch unter Dach in der Regel noch gute Aufenthaltsmöglichkeiten, wenn für eine gute Belichtung – hier über eine Firstverglasung – gesorgt ist (Planung: Theodor Merk).

Oben: Dachfenster im Giebelbereich lassen weiches Licht herein und führen die aufsteigende warme Luft nach draußen ab. Sie ermöglichen es, auch innen liegende Bereiche großzügig zu belichten.

Die beiden Schnitte zeigen zwei Möglichkeiten des Dachaufbaus bei flach und steil geneigten Satteldächern mit ökologischer Zwischen- und Aufsparrendämmung (Zeichnungen: Wilhelm Drexel).

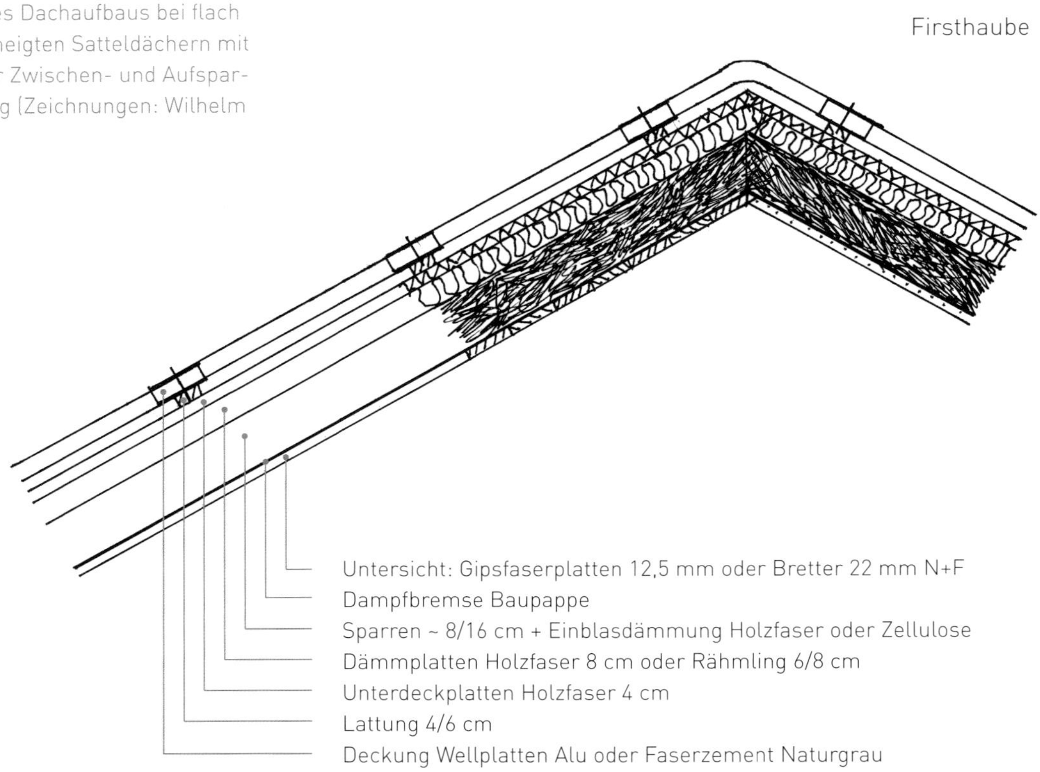

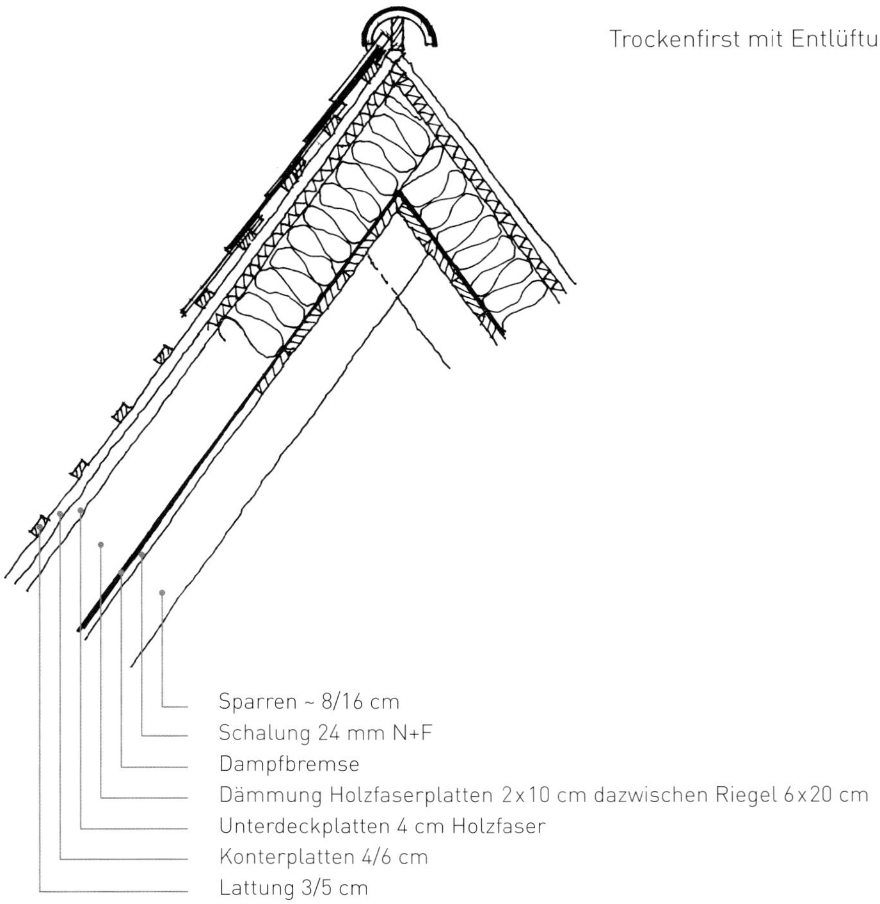

Schematische Darstellung gängiger geneigter Dachformen für Einfamilienhäuser (Zeichnungen: Wilhelm Drexel)

Satteldach mit Giebel

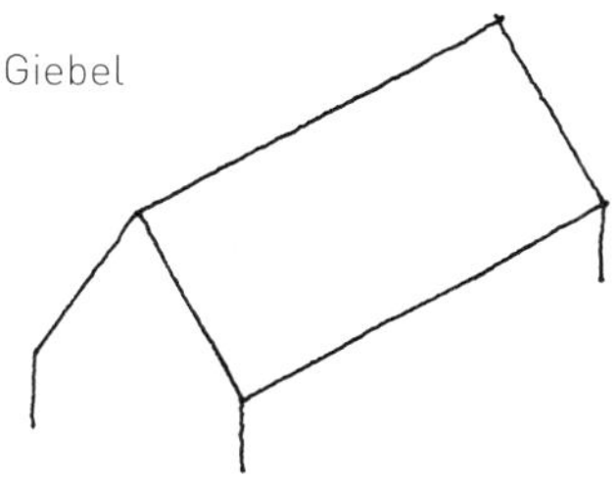

Pultdach mit Kniestock

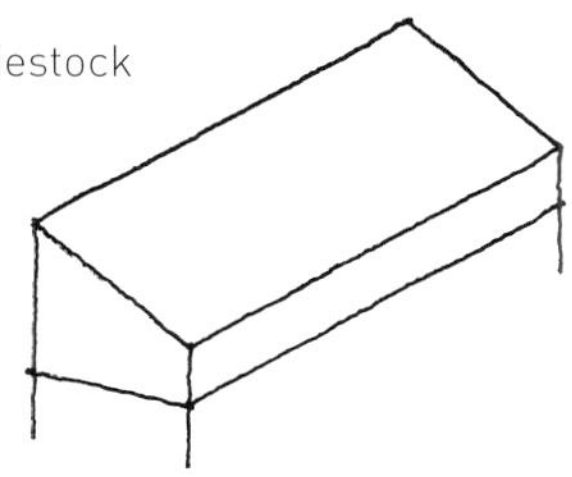

Walmdach

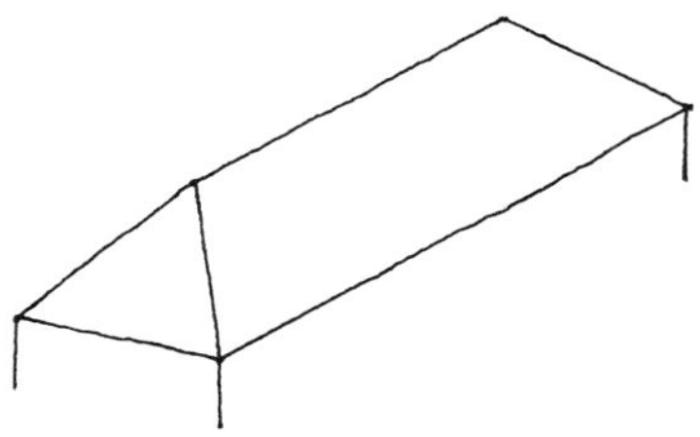

Zeltdach

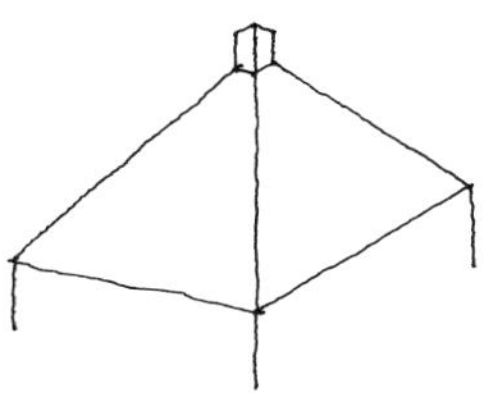

Mansarddach

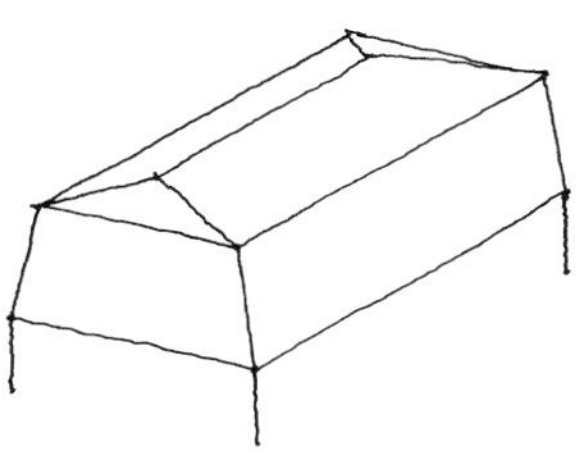

Tonnendach

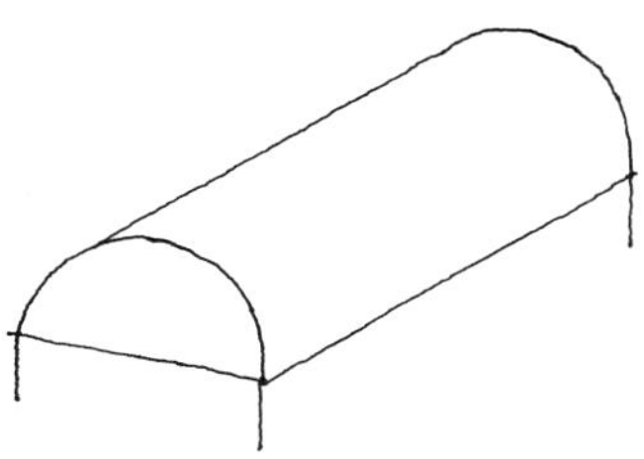

Schnitt durch ein Tonnendach mit Bemaßungsempfehlungen (Zeichnungen: Wilhelm Drexel)

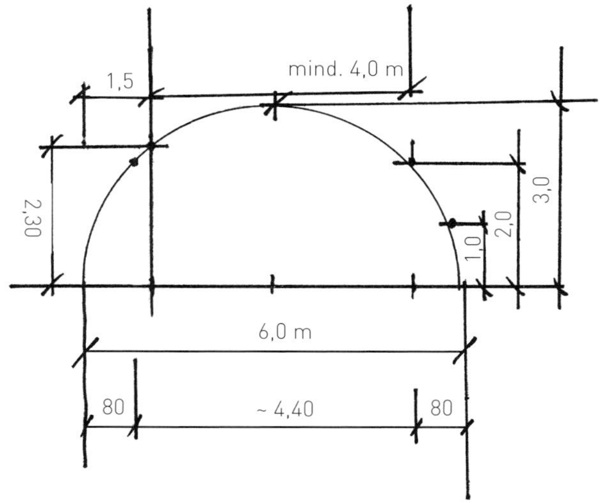

Unterschiedliche Dachkonstruktionen beim Satteldach: Oben ein Pfettendach mit längs durchlaufenden Balken, den sogenannten Pfetten, unten ein Sparrendach mit waagerechtem Zug- beziehungsweise Zerrbalken.

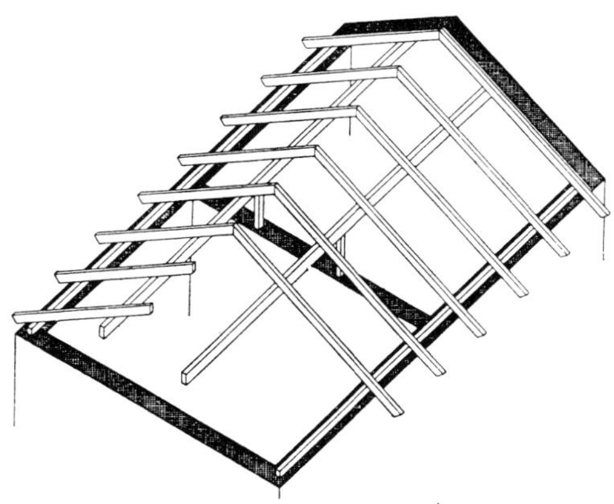

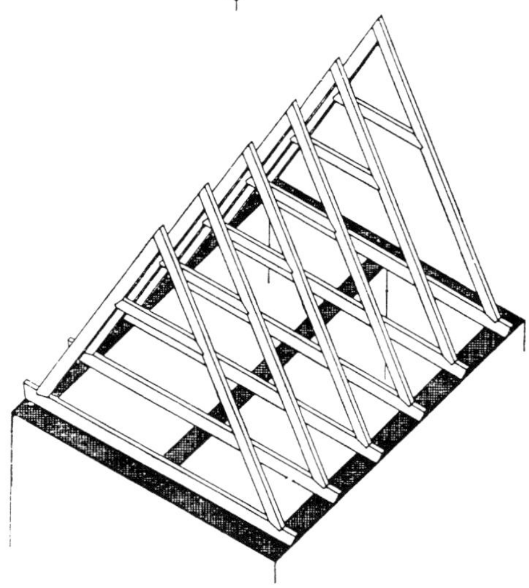

Die Vielfalt der Dachformen und Materialien:

Links oben: Ein Gebäude mit zweigeschossigem Haupttrakt und Satteldach sowie zwei angebauten eingeschossigen, extensiv begrünten Flachdach-Baukörpern (Planung: Walbrunn Grotz Architekten)

Mitte links: Hier sind zwei Teilbaukörper mit flach geneigten Pultdächern gleichsam ineinander geschoben (Planung: Ronald Stattmann). Mitte rechts: Hier bildet der niedrigere Flachdach-Baukörper gleichzeitig den Garten für den zweiten Baukörper (Planung: Deppisch Architekten).

Unten links und rechts: Wenn eine wasserundurchlässige Unterspannbahn vorhanden ist, kann auch eine Natursteinfassade oder eine Holzfassade in den Dachbereich weitergeführt werden (Planung: links BackmannSchieber-Kohler, rechts Architekturbüro (lu:p)).

Der Verzicht auf einen Dachüberstand erfordert eine genaue Bauplanung und Bauausführung, tut aber dem einheitlichen und skulpturalen Erscheinungsbild gut (Planung: Deppisch Architekten).

was insbesondere im Zusammenhang mit viel genutzten Dachterrassen Sinn macht, mittels attraktiver Gefäße einen richtigen Garten in luftiger Höhe entstehen lassen.

Auf Dachüberstände ist schon aus Kostengründen, aber auch aus ästhetischen Erwägungen möglichst zu verzichten. Ein besonders geschlossenes Gesamtbild ergibt sich, wenn noch Regenrinnen und Fallleitungen hinter der Fassadenebene geführt werden. Ausnahmen sind dann möglich, wenn große Dachüberstände wie in vielen Bergregionen zum baulichen Erbe gehören. Dann ist allerdings eine architektonisch gekonnte und filigrane Neuinterpretation vonnöten, die mit den bekannten ausladenden Dach-Ungetümen im Jodlerstil nichts zu tun hat.

MIT ODER OHNE KELLER PLANEN?

Traditionell gilt der Keller als praktisch und notwendig, um dort Lagerräume für Obst, nicht benötigte Gerätschaften und anderes mehr unterzubringen. Allerdings können hierfür auch ebenerdige Räume dienen. Zudem werden bei Neubauten nur noch selten Ölheizungen eingebaut, die Stellplatz für die Anlage und vor allem für die Tanks im Untergeschoss benötigten. Eine Gas-Brennwerttherme kann aufgrund ihres geringen Platzbedarfs auch unter Dach eingebaut werden. Ferner dient ein Teil des Kellers erfahrungsgemäß lediglich der Einlagerung von Dingen, die man auch vorher hätte aussortieren können. Warum also überhaupt einen Keller bauen, wenn er hinsichtlich der Kosten deutlich teurer kommt als etwa ein ebenerdiger Lagerschuppen und seine Kosten im Grunde in keinem Verhältnis zu seinem Nutzen stehen? Insbesondere Ehepaare ohne Kinder oder Kleinfamilien sollten prüfen, ob ein Keller wirklich notwendig ist. Ein Wäscheraum im Erdgeschoss ist vom Aufenthaltswert deutlich angenehmer und zeitgemäßer als ein »Kellerverlies«, zudem spart dies unnötige Wege und ist auch auf lange Sicht, etwa im Alter, eine gute Lösung ohne mühseliges Treppensteigen. Soll kostengünstig gebaut werden, birgt der Verzicht auf einen Keller immenses Einsparpotenzial, ohne auf etwas wirklich Wichtiges verzichten zu müssen. Spezialisten, die ihren Obst- oder Weinkeller unbedingt benötigen, können diesen auch separat im Garten schaffen. Eine Unterkellerung ist bei Gebäuden auf ebenem Terrain und ohne gute Belichtung im Grunde nur dann wirklich sinnvoll, wenn Bauherren überdurchschnittlich großen Besitz oder gar Sammlungen mitbringen, die sie dezenz aufbewahren möchten. Sie kann aber auch dann sinnvoll sein, wenn das Grundstück so klein ist, dass sich aufgrund einer geringen möglichen Grundfläche ohnehin eine kleine Wohnfläche ergibt und ein Untergeschoss so aus Platzgründen zwingend notwendig wird. Müssen wie in solchen Fällen dann auch dauerhaft genutzte Räume wie Büros im Untergeschoss untergebracht werden, empfiehlt sich an diesen Stellen eine Geländemodellierung, die den Einbau großer Fenster und damit eine gute Belichtung erlaubt.

UNTERGESCHOSSE MIT BESONNUNGS-BONUS

Wenn Häuser in starker Hanglage errichtet werden und somit die Möglichkeit besteht, zum Tal hin eine zweite oder dritte Ebene im Untergeschoss vorzusehen, kommt dies einem weiteren Wohngeschoss gleich und ist in jedem Fall sehr sinnvoll. Dann werden die wichtigen Räume – meist Elternschlafzimmer und Kinderzimmer – auf der Talseite untergebracht, während der Erschließungsflur mit Treppe und gegebenenfalls zugeordneten Neben- und Lagerräumen auf der Hangseite angeordnet werden. Ein Balkon im Erdgeschoss dient hierbei häufig als Sonnenschutz für die »Kinder- und Schlafebene« und erspart somit den Einbau separater Jalousetten oder Schiebeläden. Ein wichtiger Vorteil dieser Grundrissvariante ist, dass ein direkter Zugang nach draußen gegeben ist, ohne erst Treppen steigen und andere Räume durchqueren zu müssen.

Pläne: Dieses Einfamilienhaus ist hangseits eingeschossig, zum Tal hin aber zweigeschossig und nutzt das Gelände somit optimal aus. Im Hanggeschoss sind Elternschlafzimmer und Kinderzimmer untergebracht (Planung: Petra Wiesner-Molitor).

Rechte Seite: Das abfallende Gelände ist auch hier genutzt worden, um eine optimale Belichtung und Nutzbarkeit für das Untergeschoss zu gewährleisten (Planung: Schneider Architekten).

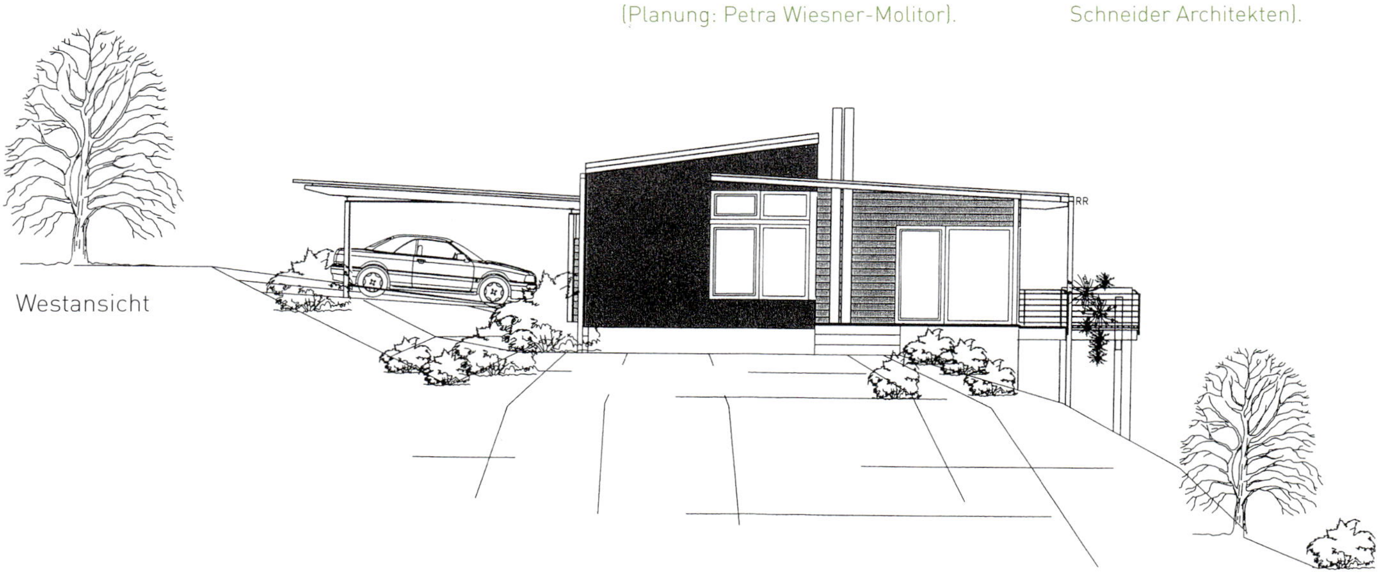

Westansicht

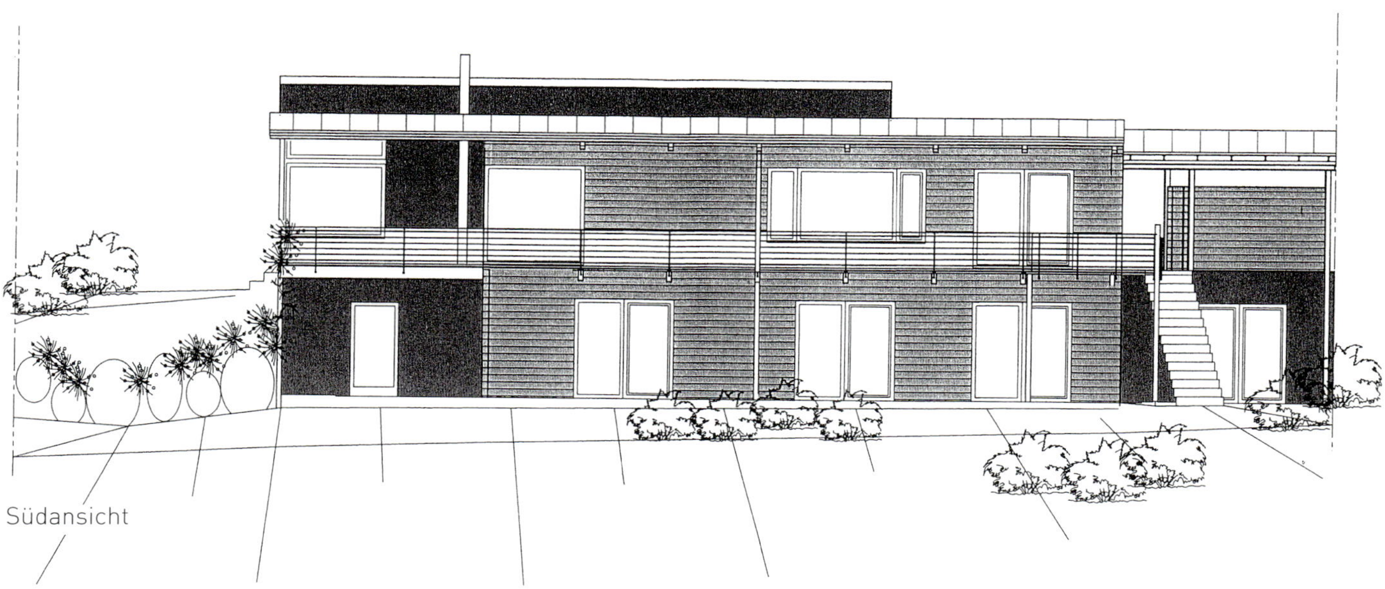

Südansicht

DER EINGANG ALS EINLADENDES ELEMENT

Der zumeist als Teil der Nord- oder Ostfassade geplante Eingangsbereich nimmt in gewisser Weise schon einmal das Hausinnere vorweg und hat daher im Gesamtzusammenhang eine besondere Stellung. Türblatt mit Beschlägen, Rahmen, korrespondierende Fenster, Briefkasten und Klingelplatte sowie gegebenenfalls Vordach und Treppe sollten immer als gestalterische Einheit konzipiert sein, die in sich stimmig ist und mit der Gesamterscheinung des Hauses harmoniert. Daher sollte auch die Detailplanung am besten in die Hände des Architekten gelegt werden. Für Klingelplatten und Namensschilder empfehlen sich Exemplare aus Edelstahl, die dann im gleichen Design wie der Türdrücker ausgeführt sein sollten. Sehr gut wirken auch klar gestaltete Stoßgriffe aus Eiche und Stahlelementen.

Die Haustür kann ohne weiteren Übergang in den Hausflur oder auch das zusammenhängende Wohngeschoss führen oder aber durch einen Windfang vom übrigen Haus separiert sein. Diese Schleuse zwischen Innen und Außen ist aus energetischen Gründen sinnvoll, denn sie verhindert das Abströmen von Warmluft beziehungsweise Einströmen von Kaltluft bei Öffnen der Türe. Gleichzeitig bieten sich damit auch Möglichkeiten, nasse oder schmutzige Schuhe und Kleidung aufzubewahren oder zu trocknen, ohne dass es die Gesamterscheinung des Wohnbereichs beeinträchtigt. Ein Windfang kann in die Kubatur integriert

oder als Vorbau konzipiert werden. Im letzteren Fall ist eine besonders filigrane und transparente Konstruktion optimal, etwa aus Stahl und Glas.

Der Vorgarten kann je nach Geschmack eher übersichtlich und geometrisch oder romantisch und natürlich gestaltet sein. Ein kleinkroniger Hausbaum eignet sich gut, um den Zugangsbereich zu beschirmen und zu betonen. Der Zugangsweg und die Zufahrt können mit einer wassergebundenen (nicht versiegelten) Decke versehen und aufgekiest oder gepflastert sein. Nicht polierter Naturstein kann ebenso verwendet werden wie Bachkiesel oder frostharter Klinker, solange durch offene Fugen für das problemlose Versickern des Regenwassers gesorgt ist.

Linke Seite links: Lange Stege – mit oder ohne einleitende Treppen – entfalten besondere Wirkung, wenn sie nicht nur zum Eingang hinführen, sondern auch den Blick in die Landschaft richten (Planung: Schneider Architekten).

Oben links: Ein skulpturenartiger Betonblock markiert hier zusammen mit einer sich gleichsam aus der Fassadenebene ausstülpenden Tür- und Vordachkonstruktion aus verzinktem Stahl den Eingang. Ein unauffälliger Handlauf aus Stahl sorgt für festen Halt, das Pflaster in einem warmem Rotton schafft die angenehme Grundlage (Planung: Richard Stihler).

Linke Seite rechts: In naturnaher Umgebung kann ein innerer Eingangsbereich oder Windfang auch hoch transparent gestaltet sein – wie in diesem Fall mit Dach- und Fassadenverglasung (Planung: Thomas Ott).

Oben rechts: Wirkung durch Farbkontraste: Das kräftige Rot des Türblatts kommt durch den deckend weißen Anstrich der Stülpschalung erst optimal zur Geltung. Glasflächen im Überkopfbereich belichten hier den inneren Eingangsbereich, ohne die Privatsphäre zu beeinträchtigen. Ein türhoher Stoßgriff aus Edelstahl ermöglicht das Öffnen und Schließen (Planung: Dietrich Stähler-May).

WEGE ZUM FREILUFT-ERLEBNIS: BALKONE UND TERRASSEN

Insbesondere dann, wenn im Garten wenig Platz zur Verfügung steht, bieten sich dafür Balkone und Dachterassen an. Tragwerke von Balkonen bestehen meist aus Holz oder verzinktem Stahl, sind witterungsbeständig, pflegeleicht und dauerhaft ansehnlich. Die Roste sind aus unterschiedlichem, im Hinblick auf die Haltbarkeit fast immer witterungsbeständigem Holz gefertigt, bevorzugt Lärche, Weißtanne, Akazie oder Eiche. Flache oder flach geneigte Dächer bieten sich ebenfalls als Standort für Terrassen an. Auch hier wird die Unterkonstruktion zumeist aus witterungsbeständigem Metall, der Rost aus geeigneten Harthölzern bestehen. Wie bei der Montage von Holzfassaden müssen auch hier Befestigungsmaterialien aus Edelstahl verwendet werden.

Dachterrassen bieten das gewünschte Freiluft-Erlebnis auch in der Stadt. Ist der Ausstieg als verglaste Dachlaterne gestaltet, kann dadurch der Treppenbereich natürlich belichtet werden (Planung: Regina Schineis).

Rechte Seite alle:
Beläge von Balkonen und Terrassen bestehen meist aus witterungsbeständigem Holz wie Douglasie oder Lärche. Brüstungen werden am besten mit filigran gestalteten Stahlkonstruktionen versehen oder in Entsprechung zur Fassade gestaltet (Planung, von links oben nach rechts unten: Bernhard Landbrecht, Wieland Egger, Schneider Architekten, blauhaus architekten).

AUF DER HÖHE DER ZEIT: KOSTENBEWUSSTE UND NACHHALTIGE HAUSPLANUNG UND ENERGIETECHNIK

Nicht erst seit der Diskussion um die Klimaerwärmung steht die Reduzierung des Energieverbrauchs auch des privaten Wohnbaubestands im Fokus des politischen Handelns. Im deutschen Fall schreibt die geltende, in der Fassung von 2007 vorliegende Energieeinsparverordnung (EnEV) für Neubauten das Erreichen des Niedrigenergiestandards vor. Ein verpflichtender Energieausweis gibt Auskunft über die Verbrauchswerte eines Hauses. Fördermaßnahmen unterstützen die Dämmung der Außenwände und des Dachs (siehe dazu das Kapitel »Kein Geld verschenken – Förderungen und Zuschüsse«, Seite 13–15). Der Architekt hat für die Einhaltung der geforderten Werte zu sorgen. Die Leistungen im Rahmen des nach EnEV geforderten Energiegutachtens können vom Architekten erbracht werden, müssen im Normalfall aber gesondert beauftragt werden. Hierfür kommen Energiegutachter oder andere laut Verordnung zugelassene Experten infrage.

Vor dem Hintergrund sprunghaft steigender Energiepreise, insbesondere für Heizöl und Gas, wird ein möglichst geringer Energieverbrauch beim Bau eines Wohnhauses zu einem immer wichtiger werdenden Thema. Passivhausstandard, das heißt ein gegenüber dem Niedrigenergiestandard etwa viermal geringerer Energieverbrauch, ist hier ohne Zweifel der Weg der Zukunft. Ein Passivhaus, das ohne konventionelle Zentralheizung auskommt, hat – gerechnet je Quadratmeter Wohnfläche – einen Heizwärmebedarf Q_h von höchstens 15 KWh im Jahr. Der Primärenergiebedarf Q_p pro Jahr liegt nicht über 40 kWh. Bedenkt man, dass ein Energiekennwert von unter 15 kWh/m²a bei einem Einfamilienhaus mit 150 m² Wohnfläche einem Jahresverbrauch von deutlich unter 250 Litern Heizöl entspricht, wird das hier vorhandene Einsparpotenzial deutlich. Die Fortsetzung dieses Weges sind so genannten Null- oder Plusenergiehäuser, die rechnerisch ebenso viel oder sogar mehr Energie erzeugen, als sie verbrauchen. Hier sind die Investitionskosten in Dämmung und alternative Energieversorgung selbstverständlich noch deutlich höher als beim Passivhaus.

DIE KOMPONENTEN DES ENERGIESPAR-HAUSES

Wie erreicht man nun Passivhausstandard oder ein hoch effizientes Energiesparhaus? Eine wichtige Komponente zur Reduzierung der Wärmeverluste ist hier zunächst eine hoch wirksame Dämmung, deren Wirkung sich aus der Wärmeleitfähigkeit der eingesetzten Bau- und Dämmstoffe sowie der Stärke der aufgebrachten Schichten ergibt. Der so genannte U-Wert (in W/m²K) besagt dabei, wie viel Energie je Quadratmeter Fläche und je Kelvin Temperaturunterschied bei einem Bauteil verloren geht. Grundsätzlich gilt es bei knappem Budget lieber hoch effizient zu dämmen und dafür eher beim Heizsystem zu sparen. Eine hoch effiziente Planung lässt sich in Holzbauweise, oder – auch ohne Wärmedämm-Verbundsystem – in massiver Ziegelbauweise herstellen. Im Handel angebotene Ziegel, deren Hohlräume mit Perlite ausgefüllt sind (zum Beispiel Poroton T9/T11) erfüllen die erforderten Werte.

Es ist bei Planung und Ausführung ferner dafür Sorge zu tragen, dass Kältebrücken konsequent vermieden werden, über die Wärme verloren gehen könnte. Potenzielle Schwachstellen sind hierbei besonders Anschlüsse verschiedener Bauteile, etwa von Außenwand und Dach. Fenster müssen deshalb ebenfalls zur Wand gut gedämmt und luftdicht eingebaut sein. Um Passivhausstandards zu erreichen ist immer eine dreischeibige Wärmeschutzverglasung erforderlich, die weit besser dämmt als doppelscheibige Verglasungen und an den Innenseiten nicht mehr kalt sind, also auch keine unangenehme Kältestrahlung mehr an den Raum abgibt. Fensterrahmen und Abstandhalter müssen dann selbstverständlich auch zusätzlich gedämmt sein. Passivhaustaugliche Fenster können in unterschiedlichster Ausführung gefertigt sein. Empfehlenswert sind insbesondere Exemplare aus Holz (teils auch in Verbindung mit Kork- oder anderen, gut dämmenden Komponenten) sowie in Holz-Aluminium-Konstruktion. Wegen des deutlich erhöhten Gewichts eines Passivhausfensters werden große Formate am besten als leichtgängige Schiebetüren eingebaut. Ferner ist – wie selbstverständlich bei allen Bauvorhaben - eine hohe Luftdichtigkeit der Gebäudehülle unabdingbar, um unkontrollierte Wärmeverluste zu vermeiden. Dies muss am Ende der Arbeiten durch einen entsprechenden Test, in der Regel dem so genannten Blower-Door-Test, nachgewiesen werden. Das Prinzip ist hierbei, dass durch Erzeugung eines Unterdrucks im Gebäude alle nicht luftdichten Stellen aufgedeckt werden. Dem Ziel eines kontrollierten Luftaustauschs dient auch die beim Passivhaus zwingend notwendige kontrollierte Wohnraumbe- und -entlüftung, bei der angewärmte (im Sommer gekühlte), gefilterte Außenluft angesaugt und am Ende aus den Räumen abgesaugte, warme Luft wieder nach draußen abgeführt wird. Zuvor entzieht ein Nachheizregister der Abluft einen hohen Anteil ihrer Wärme – die so genannte Wärmerückgewinnung. Fenster und Türen sollten dann insbesondere in der kalten Jahreszeit möglichst geschlossen bleiben. Allerdings sind Energiequellen für das Nachheizregister und die Warmwasserbereitung sowie die meist benötigte Erzeugung der Heizenergie an besonders kalten Tagen notwendig, die etwa von Erdreich-Wärmepumpen oder durch Solarenergie zur Verfügung gestellt werden kann. Mittlerweile existieren ausgereifte Konzepte, um die für das Passivhaus benötigte Restenergie allein durch Solarkollektoren und Photovoltaik zu decken. Dies erscheint als logische Konsequenz, um das System unabhängig von extern zugeführter Heizenergie zu machen. Eine ebenfalls empfehlenswerte Alternative für das Energiesparhaus ist die Koppelung von Sonnenkollekoren und Holzofen, wobei hier auch die besonders effiziente Möglichkeit besteht, die Wärme des Ofens ebenso wie die der Kollektoren in einen Pufferspeicher einzuleiten. Die notwendige Größe des Pufferspeichers hängt von der Größe des Hauses, der Zahl der Familienmitglieder und dem Energiekonzept im Ganzen ab und muss von einem Experten berechnet werden. Wandflächen- und Fußbodenheizungen eignen sich gut als Partner eines ganz oder teilweise auf Solarenergie basierenden Heizkonzepts, da sie nur niedrige Vorlauftemperaturen benötigen.

Scheitholz als Energiequelle besitzt gegenüber Öl und Gas, aber auch Pellets den Vorteil, dass hier keine bedenkliche Abhängigkeit von Preissteigerungen am Markt besteht, denn Scheitholz lässt sich auf unterschiedlichste Weise besorgen und es gibt keine Großunternehmen, die am Verkauf des weiterverarbeiteten Produkts verdienen. Holzscheitkessel sind etwa genauso teuer wie Pelletkessel, es bedarf aber keiner teuren Tanks, Lagerräume und Beschickungssysteme, eine Holzlege vor dem Haus oder im Schuppen genügt. Es gibt unter den Holzscheitkesseln auch gestalterisch ansprechende Exemplare, die für die Aufstellung im

Linke Seite oben und Mitte:
Während Fassadenöffnungen insbesondere auf der kalten Nordseite klein dimensioniert werden sollten, sind nach Süden und auch Westen große Glasflächen erwünscht, damit das Haus Wärme tanken kann (Planung: Walter Unterrainer).

Linke Seite unten:
Einfach innovativ: Bei diesem ganz in massivem Holz errichteten Haus speisen ein zentraler Holzscheitofen und fassadenmontierte Solarkollektoren die Wärme in einen Pufferspeicher ein und gewährleisten so die gesamte Heizwärmeversorgung (Planung: Noichl und Bümll).

Wohnraum bestimmt sind. Wenn Solarkollektoren für die Heizungsunterstützung sorgen, bestehen keine Probleme mit kalten Räumen, etwa nach der Rückkehr aus dem Urlaub.
Das Konzept des Passivhauses kann als Ganzes nur dann funktionieren, wenn grundsätzlich alle Arbeiten genauestens ausgeführt wurden. Wurden etwa Dichtungsbahnen schlampig verklebt oder verbleiben gar richtiggehende Fugen, durch die die Luft ungehindert entweichen kann, ist das Passivhaus keines mehr. Insofern ist diese Bauaufgabe wirklich nur etwas für erfahrene Architekten und gewissenhafte Handwerker.

EIN PASSIVHAUS MIT ÖKO-BONUS

Bei allen grundsätzlichen Vorteilen eines Passivhauses hinsichtlich des Energiebedarfs darf die Nachhaltigkeit der Bauweise nicht außer Acht gelassen werden. Leider liest sich die Liste der für manches Passivhaus verwendeten Produkte wie ein ökologisches Katastrophenszenario. Polyurethan, nicht diffusionsoffene PVC-Folien, dicke Wärmedämmverbund-Systeme aus Polystyrol und viel Mineralwolle schaffen natürlich eine beträchtliche Energieeinsparung, sind aber im wahrsten Sinne Gift für die Umwelt. Das muss nicht sein, denn es gibt nachhaltige und wohngesunde Alternativen. Zu einer gelungen Sache wird das eigene Passivhaus mit Baustoffen, die nach ihrer Schadstoffbilanz, dem Energieverbrauch bei Herstellung und Transport sowie ihrer Recyclingfähigkeit möglichst positiv abschneiden. Massivholz aus der Region, das nicht zuletzt beim Holzsystembau auch für Wände und Decken eingesetzt werden kann, liegt hier ganz weit vorne. Nachhaltig und hoch effizient in ihrer Dämmfähigkeit sind Holzfasern und Zelluloseflocken (oft als Einblasdämmstoffe für Dach und Wände, aber auch als Schüttungen eingesetzt), Hanfprodukte (zumeist als Dämmmatten und Keile zur Zwischensparren- oder Wanddämmung) und Holzweichfaserplatten. Letztere eignen sich vorzüglich zur Aufdachdämmung, aber auch zur Dämmung von Außenwänden und Decken. Bei Verlegung auf den Sparren empfiehlt sich im Hinblick auf Trittsicherheit und Effizienz eine Stärke von mindestens 40 Millimetern – natürlich müssen sie hier mit anderen Dämmstoffen wie etwa Hanfmatten als Zwischensparren-Dämmung kombiniert werden.

EWIGE ENERGIE: PASSIVE SONNENWÄRME, SOLARKOLLEKTOREN UND PHOTOVOLTAIK

Ganz im Unterschied zu den traditionellen Energieträgern aus fossilen Brennstoffen scheint die Sonne unbegrenzt und kann, ist die Technik einmal installiert, zum Nulltarif bezogen werden. Ganz ohne alle spezifischen technischen Anlagen ist dabei die passive Nutzung der Sonnenenergie möglich – es bedarf lediglich ausreichend großer und zahlreicher sowie sinnvoll angeordneter Verglasungen, um die Sonnenwärme hereinzuholen und so ein eigenes kleines Heizkraftwerk zu betreiben. Am besten ist hierbei eine Ausrichtung der Fenster und Festverglasungen nach Süden, aber auch bei Ost- oder Westausrichtung wird noch genug Sonne »getankt«. Damit die Wärme auch im Haus bleibt, ist eine sehr gute Dämmung und Luftdichtigkeit der Gebäudehülle erforderlich. Nicht zuletzt sollten die Verglasungen dreischeibig ausgeführt oder zumindest mit einer aufgedampften Wärmeschutzfolie versehen sein.
Die durch die Scheiben ins Haus gelangte Wärme kann beispielsweise von Tonplattenbelägen und Ziegelmauern gespeichert und sukzessive wieder an die Raumluft abgegeben werden. Auch Bauteile aus Massivholz können entgegen landläufiger Annahme durchaus als Speichermasse dienen.
Damit gerade bei großen Glasflächen die Erwärmung des Hauses an heißen Tagen kontrolliert werden kann, ist ein außen liegender, möglichst nach Bedarf steuerbarer Wärmeschutz zu empfehlen. In Frage kommen hier zunächst Jalousetten aus Aluminium, textile Verschattungen oder auch Schiebe- oder Klappläden. Schiebeläden, die meist in zwei wandseitigen Schienen geführt werden, besitzen in der Regel eine Unterkonstruktion aus Metall (beispielsweise verzinkter Stahl) und Lamellen aus wetterbeständigem Holz. Traditionelle Klappläden aus Massivholz mit Wetterschutzanstrich finden sich zumeist bei Häusern mit eher traditioneller Bauweise, können aber durchaus auch in modernen Neubauten Verwendung finden, wenn es insgesamt stimmig ist. Mit entsprechend, richtig geneigten Lamellen versehen, dienen Klapp- und Schiebeläden bei geöffneten Fenstern übrigens auch der gezielten Abführung warmer Raumluft.
Ein wichtiger Punkt ist, dass bei automatisch gesteuerter Sonnenschutztechnik die Automatik nach Belieben durch manuelle Steuerung ersetzt werden kann. Wird dies nicht gleich zu Anfang bedacht,

Oben und oben rechts: Große Glasflächen sammeln Wärme, Vordächer oder Schiebeläden mit Holzlamellen gewährleisten die Steuerung der Sonneneinstrahlung (Planung/von links nach rechts: wellmann ladinger architekten, Joachim Schwarzenberg).

Rechts: Hier sind Wintergärten in Stahl-Glas-Konstruktion vor die Südseite des Wohnhauses gestellt, die als perfekte Wärmepuffer wirken. Im Winter und in der Übergangszeit strömt die warme Luft ins Hausinnere, im Sommer wird sie über Lüftungsöffnungen im Dach nach draußen abgeführt (Planung: Sampo Widmann).

kann die Umrüstung teuer werden. Grundsätzlich sollte im Hinblick auf ihre Kosten und Schadensanfälligkeit weitgehend auf vollautomatische Features und komplexe elektronische Steuerungssysteme verzichtet werden.

Oben und oben links: An der Fassade montierte Solarmodule haben in der Regel zwar einen etwas geringeren Wirkungsgrad als bei Aufdachmontage, sind aber insbesondere in schneereichen Gegenden eine gute Wahl.

Links: Dieser dem Hauptgebäude vorgeschaltete, kühne Anbau sammelt passiv Solarenergie durch die direkt eingestrahlte Sonnenwärme und aktiv durch fassadenintegrierte Luftkollektoren (Planung: Ernst-Michael Jordan).

AKTIV STROM UND WÄRME ERZEUGEN

Im Unterschied zur passiven Nutzung erfordert die aktive Nutzung der Sonnenenergie die Installation von Solarkollektoren oder Photovoltaikelementen sowie der entsprechenden Technik. Sowohl bei Solarthermie- als auch bei Photovoltaik-Modulen besteht die Wahl zwischen Aufdachmontage, Indachmontage, Fassadenmontage und Freiaufstellung. Bei Steildächern können die Kollektoren oder Photovoltaikelemente entweder auf der Dachdeckung montiert werden oder auch gleich anstelle der Dachdeckung verwendet werden. Bei geringer Neigung und insbesondere bei Flachdächern werden die Solarmodule aufgeständert. Hinsichtlich der Energieausbeute grundsätzlich nicht ganz optimal, kann es unter bestimmten Bedingungen dennoch sinnvoll sein, Module auf den Außenwänden zu montieren – so etwa in Gebirgsregionen, wo Dachflächen gerade während der kältesten Jahreszeit häufig unter Schneeschichten verschwunden sind, wodurch die Energieausbeute stark vermindert wird. Als Vordächer über Fenstern angebracht, liefern die Module aufgrund des Neigungswinkels mehr Energie und fungieren gleichzeitig als praktischer Sonnenschutz. So genannte Solarhäuser, deren Energiekonzept als Ganzes primär auf der Nutzung der Sonnenenergie basiert, haben teils eine entsprechend geneigte Südfassade, auf der sich neben großen Fenstern auch Kollektoren und Photovoltaik-Elemente unterbringen lassen.

In allen Fällen ist Wert auf eine möglichst geringe Durchdringung der Dachhaut zu legen. Die Wirkung der Dämmung darf auf keinen Fall beeinträchtigt werden, der Eintritt von Wasser ist unter allen Umständen zu vermeiden. Schon aus diesem Grund empfiehlt sich der Einbau durch kompetente Betriebe. Wenn etwa Dächer von Nebengebäuden zur Installation verwendet werden, sind geringere Probleme zu erwarten.
Ein Kollektor sammelt über eine Wärmeträgerflüssigkeit (meist Wasser mit Frostschutzmittel) Wärme, die über gut isolierte Schläuche und Rohre in einen Pufferspeicher eingespeist und von dort zur Erwärmung des Brauchwassers und zur Heizungsunterstützung genutzt wird. Der Platzbedarf für die Energiekomponenten eines Solarenergie-basierten Heizsystems – zum Beispiel Solargerät, Gas-Brennwert-Anlage für Kältespitzen und Schichtenspeicher – liegt teils bei nur einem Quadratmeter oder weniger. Vom Wärmeträger wird das Speicherwasser über einen so genannten Wärmetauscher indirekt erhitzt. Die Ausbeute hängt von der Fläche und dem Wirkungsgrad der Kollektoren und der Größe des Pufferspeichers ab. Mit wachsendem Anteil an der Deckung des Gesamtenergiehaushalts steigen beide Größen an. Das Bauprinzip der Vakuumröhren-Kollektoren, die je Flächeneinheit deutlich teurer in der Anschaffung sind als Flachkollektoren, erlaubt eine höhere Energieausbeute und macht sie dementsprechend vor allem dann zur besten Wahl, wenn wenig Platz zur Montage vorhanden ist. Kollektoren erzielen die höchste Energieausbeute, wenn sie eine Neigung von 30° aufweisen. So können sie die Strahlen der tief stehenden Wintersonne optimal nutzen – genau dann, wenn auch die meiste Energie für die Heizung beziehungsweise die Heizungsunterstützung benötigt wird.
Luftkollektoren speichern die Wärme in der Luft, die direkt abgegeben, mit Warmluftheizungen oder kontrollierten Be- und Entlüftungsanlagen gekoppelt beziehungsweise alternativ an einen Wasser- oder Steinspeicher abgegeben weden kann.

Die photovoltaische Nutzung der Sonnenenergie basiert darauf, dass die Strahlung der Sonne mit Solarmodulen, die zu mehreren zu einem Solargenerator verbunden sind, in elektrische Energie umgewandelt wird. Dabei erzeugen Solarzellen aus Tageslicht Gleichstrom, der anschließend von einem Wechselrichter in Wechselstrom umgewandelt und so entweder ins öffentliche Stromnetz eingespeist oder – seltener – selbst verbraucht werden kann. Die Stromausbeute aus Photovoltaik ist weniger abhängig von der Sonnenscheindauer und -intensität als der Wärmeertrag aus Kollektoren. Strom wird auch dann in beträchtlicher Höhe produziert, wenn die Sonne gar nicht scheint. Dagegen sollte auch hier jegliche komplette Verschattung (zum Beispiel durch Bäume oder Nachbarhäuser) vermieden werden. Optimal ist eine Neigung von 30° bei genauer Ausrichtung nach Süden, wobei es aber auch bei Neigungen zwischen 25° und 60° und einer Ausrichtung nach Südosten oder Südwesten nur zu einer sehr geringfügigen Verringerung des Energieertrags kommt. Die Größe der eigenen Anlage wird von den zu tragenden Investitionskosten und vom zur Verfügung stehenden Platz bestimmt. Je 1.000 Watt Nennleistung sind etwa 8–9 Quadratmeter Dachfläche notwendig. Aufgrund

Nichttragende Innenwände können mit etwas Geschick weitgehend selbst erstellt werden, die Elektro- und Sanitärinstallation erfordert hingegen eingehendes Fachwissen.

der für Deutschland nach EEG geltenden erhöhten Einspeisevergütung rechnen sich Solaranlagen nach etwa 15 Jahren Betriebsdauer, das heißt die Investitionskosten sind dann vollständig »zurückgezahlt«. Im Anschluss verdienen die Bauherren sogar Geld mit der Stromerzeugung!

BESTER PREIS UND BESTE LEISTUNG: DIE AUSWAHL UND BEAUFTRAGUNG DER HANDWERKER

Ist die Baugenehmigung beziehungsweise die Freigabe zum Bau erteilt, stellt der Architekt die Leistungsbeschreibungen mit den genauen Leistungsverzeichnissen auf, an denen sich die Handwerker und beteiligten Fachleute orientieren müssen. Ausgewählte Unternehmen werden dann zur Abgabe eines Angebots aufgefordert. Bei der Ausschreibung werden in der Regel Ausführungstermine genannt, die dann zur Einhaltung des Zeitplans auch eingehalten werden sollten. Sind die Angebote eingetroffen, werden sich Bauherren und Architekt zusammensetzen, um die für die jeweiligen Gewerke geeignetsten Betriebe auszuwählen. Da von der fachlichen Kompetenz der beauftragten Unternehmen letztlich die optimale Umsetzung der Planung abhängt, sollte hier nicht nur auf den angebotenen Preis gesehen werden. Ist ein vielleicht etwas teurerer Betrieb dem Architekten seit langem als gewissenhaft, vertrauenswürdig und zuverlässig bekannt, kann auch einmal ein etwas höheres Angebot den Zuschlag erhalten.

Die Beauftragung eines Handwerkers sollte nur dann erfolgen, wenn dessen Angebot nicht nur hinsichtlich der Gesamtkosten günstig, sondern auch vollständig ist. Alle Gewerke sind nach Positionen, Mengen, Einzel- und Gesamtpreisen sowie dem jeweils angesetzten Zeitbedarf aufzuschlüsseln. Am besten werden Arbeits- und Materialkosten getrennt ausgewiesen, um beides im Einzelnen beurteilen zu können. So können die Bauherren zusammen mit dem Planer unter anderem entscheiden, ob sie im einen oder anderen Fall benötigtes Material selbst günstiger beschaffen können. Dies sollte jedoch mit dem Handwerksbetrieb vor der Auftragsvergabe genau vereinbart werden, denn in diesem Fall verdient der Unternehmer ja nichts am Material und sieht dies entsprechend nicht sehr gern. Hier ist auch zu prüfen, in welchen Fällen die Materialbeschaffung in Eigenregie wirklich sinnvoll ist und zu relevanten Einsparungen führt.
Finden sich im Angebot eines Unternehmens in der Höhe nicht begrenzte »Regiestunden«, sollten diese in keinem Fall akzeptiert werden, denn ansonsten sind Nachforderungen in unbekannter Höhe Tür und Tor geöffnet. Auch offen bleibende Posten über den Preis von Produkten, die hohen Preissteigerungen unterworfen sind (beispielsweise Baumetalle), sind so für den Bauherrn nicht akzeptabel. Ferner sollten Bauherrn auf den Gültigkeitszeitraum des Angebots achten, denn ansonsten kann es schon einmal zu bösen Überraschungen bei der Rechnungsstellung kommen.

CHANCE FÜR TALENTIERTE BAUHERREN: SPAREN DURCH EIGENLEISTUNG

Viele Bauherren ärgern sich über schlampig ausgeführte Arbeiten, die sie in Eigenleistung weit

CHECKLISTE EIGENLEISTUNG: WAS KANN ICH SELBST MACHEN, WOFÜR BRAUCHE ICH FACHKRÄFTE?

Arbeiten für Bauherren mit geringen Vorkenntnissen:

- Anstricharbeiten
- Verkleidung von Böden, Wänden und Decken mit OSB- oder Gippsfaserplatten
- nicht konstruktive Wandaufbauten (z. B. Anbringung von Lattung, Baupappen und Dämmungsmaterial)
- einfache Gartenarbeiten (z. B. Anlage von Stauden-beeten und Rasenflächen, Pflanzen von Gehölzen nach Anleitung)
- einfache Verlegearbeiten (z. B. Beeteinfassungen)

Arbeiten für handwerklich begabte Bauherren:

- einfache Maurerarbeiten (z. B. nicht tragende Trennwände aus Leichtbau-Steinen)
- Arbeiten im Innenausbau (ganze Innenwände in Holz-Leichtbauweise)
- Böden verlegen
- einfache Sanitärinstallation (z. B. Montage von Waschtischen, Armaturen und Anschlüssen)
- befestigte Wege, Einfassungen, Pflasterarbeiten, Mäuerchen im Garten
- Assistenz bei Handwerkertätigkeit je nach Fachkenntnissen

Arbeiten, die in der Regel vom Handwerker ausgeführt werden sollten:

- Zimmererarbeiten (Tragkonstruktion, Dachstuhl)
- Maurer- und Verputzarbeiten
- anspruchsvolle Schreinerarbeiten (Treppen, Mobiliar)
- Dachdeckerarbeiten
- Spenglerarbeiten (z. B. Dachdeckung mit Metall-Werkstoffen, sondergefertigte Eindeckrahmen)
- Elekroinstallation
- Fliesenverlegearbeiten
- kompliziertere Sanitärinstallation, Heizungs-installation

günstiger und teils sogar besser hätten durchführen können. Nicht selten werden von Unternehmen gerade bei Anstricharbeiten und teils auch beim Innenausbau Auszubildende oder angelernte Hilfskräfte mit geringem Wissen beschäftigt. Hier lassen sich auf einfache Weise vier- bis fünfstellige Beträge einsparen, ohne einen Qualitätsverlust gegenüber professioneller Ausführung befürchten zu müssen. Mit Pinsel und Farbrolle kann im Grunde jeder umgehen, aber auch die Verlegung von Holz-, Kork- oder Teppichbelägen inklusive des entsprechenden Unterbaus erfordert keine jahrelange Übung. Insbesondere bei Holzhäusern in Pfosten-Riegel-Konstruktion bieten sich meist besonders viele Möglichkeiten, so beim Einbringen der Dämmung, der Baupappen, der Ausbauplatten und beim Anbringen der Fassaden. Eine Einsparung von 10% der Handwerkerkosten ist in den meisten Fällen möglich, bei vorhandenem Geschick und Zeit auch 20% und bei »Bauherren vom Fach« sogar deutlich mehr. Dennoch sei darauf hingewiesen, dass die eigene Kompetenz und das zur Verfügung stehende Zeitkontingent sehr realistisch, besser zu knapp kalkuliert und von handwerklichen Laien auf keinen Fall mit mehr als 10% angesetzt werden sollte. Einige Gewerke sind zudem nicht nur wegen der hohen fachlichen Anforderungen, sondern auch wegen des Gefährdungspotentials beziehungsweise den etwaigen Haftungsproblemen im Schadensfall in keinem Fall selbst zu leisten, so etwa die Elektro- und der größte Teil der Sanitärinstallation. Soweit Hilfsarbeiten für beauftragte Handwerker geleistet werden, sollte man sich auch hier auf risikoarme Tätigkeiten beschränken, denn wenn der Haupt- oder Alleinverdiener bei Zimmererarbeiten verunfallt, wird die Rechnung mit der Eigenleistung in jedem Fall zur Makulatur. In jedem Fall sollte die Möglichkeit der Mithilfe bei beauftragten Fachhandwerkern vor deren Beauftragung mit ihnen abgestimmt und am besten in das endgültige Angebot aufgenommen werden, denn die eingesparten Handwerkerstunden müssen sich selbstverständlich auch für den Bauherrn positiv im Angebot niederschlagen. Auch hier gilt es daher, seine eigenen zeitlichen Möglichkeiten sehr realistisch einzuschätzen, denn der Handwerker wird auch sein Personen- und Zeitkontingent nach dem Umfang der vereinbarten Mithilfe ausrichten und bei Nichterfüllung Nachforderungen stellen.

BAUMATERIAL PREISWERT BESCHAFFEN

Mit günstiger Beschaffung von Baumaterial ist hier nicht gemeint, in großer Hektik in den Baustoffmarkt nebenan zu fahren und die günstigsten Materialien zusammenzustellen. Vielmehr kommt es darauf an, die in der Planung vorgeschlagenen oder dafür alternativ vorgesehenen, genau aufeinander abgestimmten Produkte mit hoher Material- und Gestaltqualität zu einem möglichst günstigen Preis zu erwerben. Dies erfordert von Architekt und Bauherren einen vergleichsweise hohen Zeitaufwand, wird sich aber am Ende immer lohnen.

Ist man auf günstige Produkte gestoßen und baut der jeweilige Fachhandwerker diese problemlos

Ganz links und links: Industriell und in hohen Stückzahlen gefertigte Bauteile wie Stahlgitterroste sind nicht nur unauffällig, sondern können im Innenausbau auch Kosten sparen (Planung: links Ulrich Rumstadt, rechts mrb architekten).

Ganz links: Holzfassaden aus Lärche sind meist am günstigsten, regionaler oder lokaler Bezug ist immer zu empfehlen (Planung: Walter Unterrainer).

Links: Bis zum Ende gedacht, reichen auch kaum bearbeitete Holzwerkstoffplatten als Innentüren und einfachste Griffe zum Öffnen (Planung: PPAG Architektur).

ein, sollte man sich die Preise mit ihrer zeitlichen Geltungsdauer schriftlich bestätigen lassen und sich erst danach in Abstimmung mit dem Planer endgültig entscheiden. Denn ist erst einmal das falsche Produkt oder die falsche Menge bestellt, kann es sehr schwierig werden, dies zu stornieren. Einschlägige Internetportale bieten gerade im Bereich Bau und Einrichtung oft unschlagbar günstige Angebote für gebrauchte oder direkt vom Großlieferanten zu beziehende Produkte. Hier kann sich unter Umständen sogar die Selbstabholung bei etwas weiterer Entfernung lohnen.

BAUPRODUKTE MIT KOSTENVORTEIL

Produkt	Verwendung	Vorteile/Eigenschaften
Textilvliese	Fassadenverkleidung	extrem preisgünstig, hervorragende Eignung für Eigenleistung
Wellpolyester	Nebengebäude, Sonderlösungen/Dächer, teils Fassaden	extrem preisgünstig, relativ witterungsbeständig, leicht zu transportieren und zu bearbeiten
Aluminium-Wellplatten	Dächer, Fassaden	gestalterisch harmonisch, neutrale silbergraue Farbe, geringer Montageaufwand
Faserzement-Wellplatten	Dachdeckung, teils Fassaden	verschiedene Farben, geringer Montageaufwand
Faserzementplatten	Fassaden, teils Dächer	in vielen Farben angeboten, geringer Montageaufwand
OSB-Platten	Gebäudehülle, Innenausbau, als Bodenbelag und Wandinnensicht	extrem preisgünstig, zementgebunden auch witterungsbeständig, aussteifende Wirkung, leicht zu bearbeiten und zu streichen
Gipsfaserplatten	Innenausbau (Wandinnensichten, Verschalung von Dachschrägen)	leicht zu handhaben und zu bearbeiten
Holztragwerk	Tragkonstruktion/Gebäudehülle	hervorragende Eignung für Eigenleistung bzw. Vorfertigung
Beton-Fertigteile	Wände außen und innen, Decken, Bodenplatten	preisgünstig in Material und Arbeitszeit
Lärchenholz	Fassadenverkleidung, Balkon- und Terrassenbeläge	witterungsresistent, unbehandelt einsetzbar
Strohballen, Hobelspäne	Dämmung von Wänden, Dach, Decken und Böden	preisgünstig, sehr gute Eignung für Eigenleistung, sehr gute Dämmwirkung, geringes Gewicht
Industrieparkett	Bodenbeläge im Wohnraum	sehr widerstandsfähig

DEN ÜBERBLICK BEHALTEN: KOORDINATION UND KONTROLLE DER BAUABLÄUFE

Bei diesem Thema kommt der Architekt nochmals in besonderem Maße ins Spiel, denn er fungiert ja im Prozess der Baubetreuung als Sachwalter der Belange des Bauherren. Das umfasst insbesondere die laufende Kontrolle der Maßnahmen – zum einen hinsichtlich ihrer Übereinstimmung mit der Planung und Baugenehmigung, zum anderen hinsichtlich der Qualität der Ausführung – sowie die Koordination der Abläufe zwischen den verschiedenen Gewerken. Dies vermeidet Leerläufe und sichert somit eine zeitlich straffe Fertigstellung, wie sie von den Bauherrn erwartet wird. Die Koordination und Kontrolle der Baumaßnahmen in Eigenregie wird in der Regel nicht zum Erfolg führen.

BAUZEITENPLAN UND BAUTAGEBUCH

Um den Bauablauf bestmöglich zu koordinieren, bedarf es einer genauen Terminplanung beziehungsweise eines Bauzeitenplans, der in der Regel vom Architekten oder von einem beauftragten Bauleiter in Abstimmung mit den Bauherren aufgestellt wird. Der Bauzeitenplan dient der Koordination und Kontrolle aller Bautätigkeiten oder Gewerke, um geordnete, möglichst reibungslose Abläufe zu gewährleisten und den festgesetzten Fertigstellungstermin einhalten zu können. Nach Maßgabe der laufenden Entwicklungen (Klima, Terminverschiebungen von Seiten der Handwerker, Lieferengpässe etc.) muss der Bauzeitenplan laufend angepasst werden.

Auch dann, wenn ein Architekt mit der Bauleitung beauftragt worden ist, empfiehlt es sich für die Bauherren, ein eigenes Bautagebuch zu führen. Darin sollten möglichst genau und lückenlos alle durchgeführten Arbeiten mit genauer Beschreibung, der Zeit der An- und Abwesenheiten der Handwerker, den gegebenenfalls aufgetretenen Problemen und den getroffenen Vereinbarungen festgehalten werden – je detaillierter, desto besser. Ein solcher Nachweis kann insbesondere dann wichtig werden, wenn sich ein Unternehmen nicht mehr an getroffene Absprachen erinnern will oder es gar zu juristischen Auseinandersetzungen wegen Baufehlern kommt.

FEHLERKONTROLLE UND GEWÄHRLEISTUNGSANSPRÜCHE

Der Architekt ist ebenfalls, soweit er damit beauftragt wurde, für die endgültige Qualitätsüberprüfung der Gewerke verantwortlich und er veranlasst gegebenenfalls die Behebung von Baufehlern.
Erst danach nimmt er die Arbeiten ab, das heißt er erkennt sie als sachgemäß durchgeführt an.
Darüber hinaus haftet er für eigene Fehler in der Planung und in der Bauausführung. Berufsständisch zwingend gefordert ist, dass Architekten eine Berufshaftpflichtversicherung abgeschlossen haben. Diese steht für die Kosten aller Maßnahmen ein, die infolge von fachlichen Fehlern des Architekten beziehungsweise Unterlassungen bei der laufenden Baukontrolle oder bei der Bauabnahme durchgeführt werden müssen. Der große Vorteil ist, dass hier – im Unterschied etwa zu Streitigkeiten mit Bauträgern – in der Regel nicht der langwierige, teure und häufig wenig aussichtsreiche Weg über die Gerichte beschritten werden muss.
In diesem Zusammenhang sollten die Bauherren, insbesondere bei Ausführung der Bauarbeiten ohne Architekt darauf achten, nicht beiläufig die fehlerfreie Ausführung oder zeitliche Anwesenheiten anzuerkennen, ohne dass die Möglichkeit zur fachlichen Überprüfung vorhanden gewesen wäre. Denn manche Handwerker präsentieren dem Auftraggeber zwischen Tür und Angel Arbeitsnachweise zur Unterzeichnung, die bei etwaigen rechtlichen Streitigkeiten die Position des Bauherrn beträchtlich schwächen können.

ÖKOLOGISCHES UND NACHHALTIGES BAUEN

Beim Neubau von Wohnhäusern wird in vielen Fällen – teils auch bei Energiesparhäusern – auf Materialien zurückgegriffen, die eine äußerst schlechte Umweltbilanz aufweisen. So werden bei der Produktion von Polyurethan und Polystyrol bedenkliche Schadstoffe emittiert, die bekannten und oft verwendeten Produkte aus Stein-/Mineralwolle werden aus Mineralöl hergestellt und allen gemeinsam ist der für ihre Herstellung eingesetzte hohe Energieaufwand. Viele Bauprodukte bestehen aus dem in der Herstellung und bei der Entsorgung sehr problematischen PVC. Elektrokabel mit Ummantelungen aus Gummi sind deshalb die bessere, allerdings teurere Alternative. Bei den marktgängigen Wärmedämm-Verbundsystemen (WDVS),

Detail-Schnitt durch eine Außenwand in Holz-Riegel-Bauweise mit Dämmung aus nachwachsenden Rohstoffen (Zeichnung: Wilhelm Drexel)

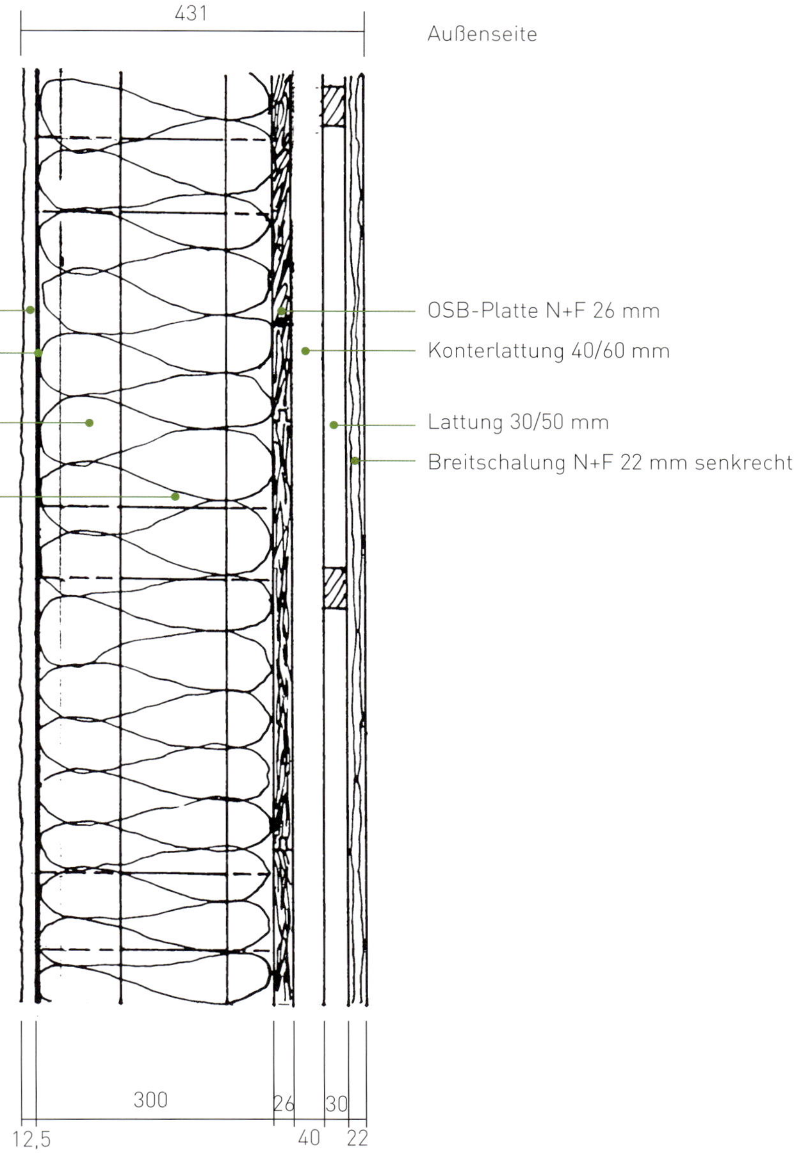

die außen auf die meist massiv gemauerten oder auch betonierten Außenwände aufgebracht werden, handelt es sich in der Regel um Verbundmaterialien aus ökologisch und bauphysikalisch problematischen Komponenten mit entsprechend großen Problemen bei der späteren Entsorgung. Und nicht zuletzt behindern viele dieser Dämmsysteme – ebenso wie Kunststoffputze, Kunststofffarben und manche Baupappen - die Feuchtigkeitsdurchlässigkeit der Außenwände in einem so starken Maß, dass das Raumklima unangenehm wird und sogar Schimmelbildung und weitergehende Bauschäden die Folge sein können. Insofern kann eine nur auf möglichst starke Dämmung ausgerichtete Entwicklung in keinem Fall per se als nachhaltig gelten. Dies gilt nur dann, wenn auch die hierfür eingesetzten Procukte strengen bauphysikalischen und ökologischen Kriterien genügen.

Schnitt durch ein ökologisches Passivhaus mit Wand- und Deckenaufbau (Planung: Architekturbüro Walch/Armin Wasle)

DACHAUFBAU
Bitumendeckung
Dachschalung 30mm
Hinterlüftung und Aufkeilung Dachhaut
Hohlkörperdecke mit Thermofloc 380 mm
Dampfbremse/Luftdichtigkeit
Installationsebene mit 100 mm Dämmung
OSB 15 mm

WANDAUFBAU VON INNEN
Fermacell 12,5 mm
OSB 12 mm
Installation und Konstruktion 100 mm
Dampfbremse/Luftdichtigkeit
OSB 15 mm
Thermofloc 240 mm
Pavatherm 80 mm
hinterlüftete Fassade

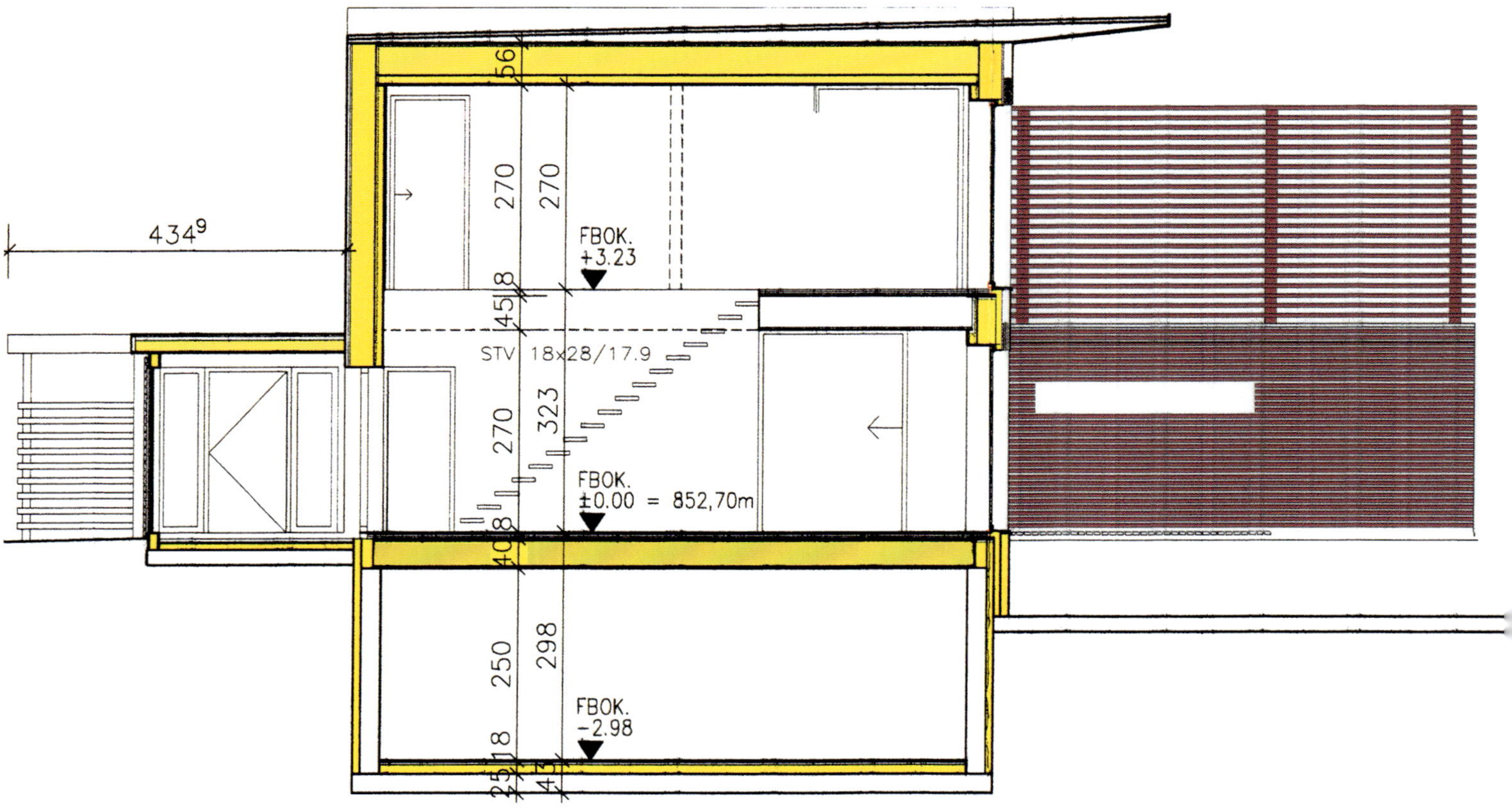

DECKENAUFBAU
Industrieparkett 27 mm
V100 25mm
Trittschalldämmung 30mm
Dampfbremse/Luftdichtigkeit
Hohlkörperdecke
mit Thermofloc 350 mm

Schnitt durch die Gebäudehülle eines Niedrigenergiehauses. Die ökologische Bauweise mit überwiegend nachhaltigen Materialien und einer Dämmung aus nachwachsenden Rohstoffen wird dabei noch durch die begrünten Flach- beziehungsweise Pultdächer und die im Stil eines Naturgartens angelegte Teichlandschaft unterstrichen (Planung: Gernot Vallentin).

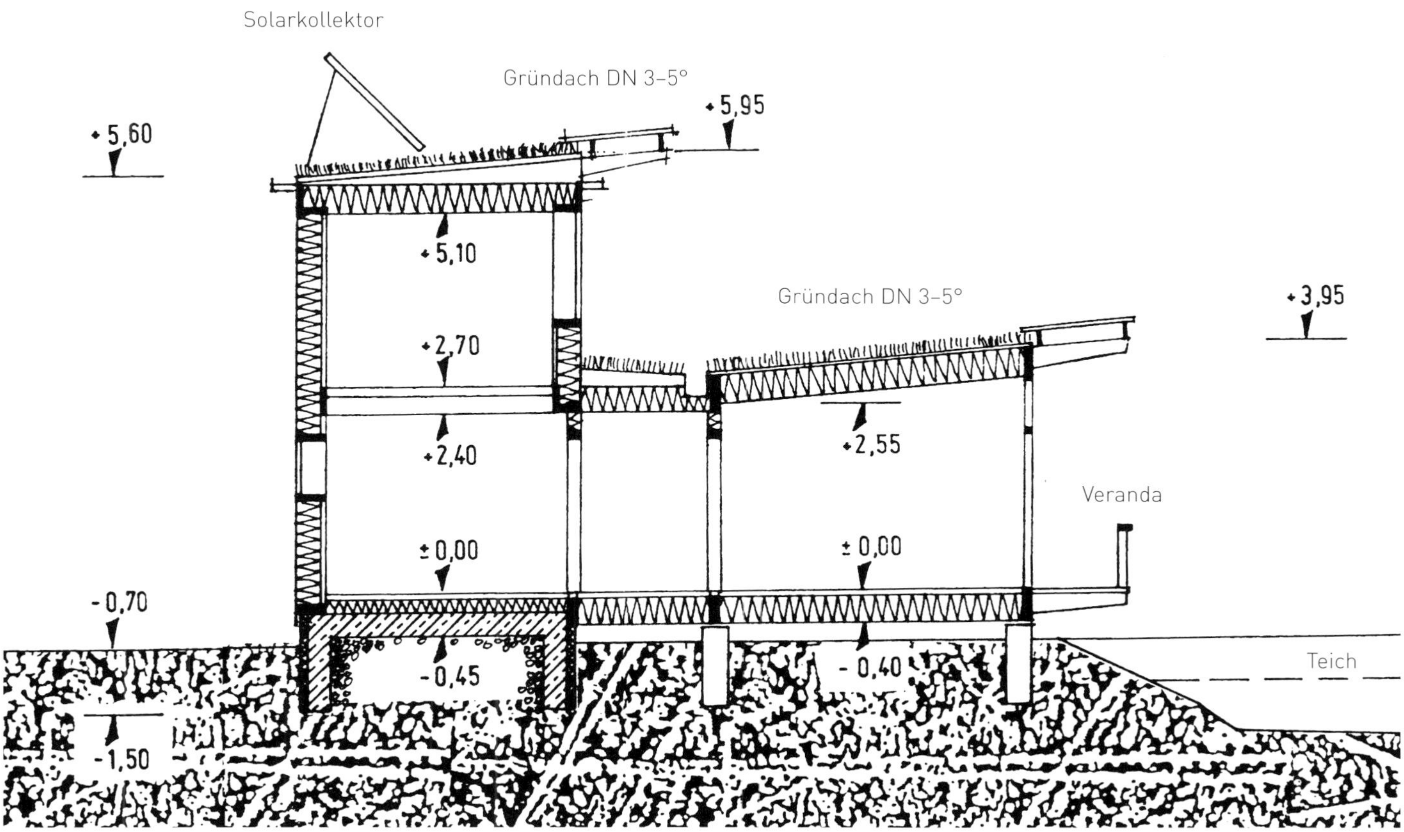

BAUPRODUKTE AUS NACHWACHSENDEN ROHSTOFFEN

Nicht jedes Holzhaus ist ein Öko-Haus, aber mit nachwachsenden Rohstoffen und umweltgerechten Materialien gebaut, wird es diesem Anspruch sehr wohl gerecht. Häuser mit Wänden, Decken und Böden in Holztafelbauweise sind eine nicht immer günstige, aber sehr schnell zu errichtende Variante, die mit wenigen konstruktiven Schichten auskommt und sich sehr gut für die Vorfertigung von Elementen in der Werkstatt eignet.
Bauholz stammt im idealen Fall aus regionalen Beständen, wurde Mitte Dezember (noch besser exakt gemäß dem Mondzeitenkalender) eingeschlagen und ausreichend lange getrocknet. Muss es – etwa bei Bodenbelägen – importiertes Holz sein, sollte darauf geachtet werden, dass es das FSC-Siegel für nachhaltige Waldbewirtschaftung trägt.
Neben rein ökologischen Erwägungen sprechen durchaus auch ihre überzeugenden bauphysikalischen Eigenschaften wie eine hohe Fähigkeit zur Speicherung von Luftfeuchtigkeit für Bau- und Dämmstoffe aus nachwachsenden Rohstoffen. Auch die Schadstoffbilanz fällt meist sehr gut aus, soweit sie nicht in Übersee erzeugt oder mit Pestiziden belastet sind. Den höchsten Dämmwert besitzen eingeblasene Holzfasern und Zellulose, die deshalb häufig beim Bau von Passivhäusern eingesetzt werden, aber auch Holzweichfaserplatten, Hanf, Flachs oder Kork sind sehr empfehlenswerte Alternativen beziehungsweise Ergänzungen. Besonders frappierend ist die lange Wärmedurchgangszeit nachwachsender Rohstoffe. Sehr gut schneiden hier Holzweichfaser-Produkte, Zellulose und auch Dämmstoffe aus Hanf ab. Während etwa ein konventionell gedämmter Dachraum an heißen Tagen bereits nach wenigen Stunden nahezu unbewohnbar ist, bleibt es bei ökologisch gedämmten Räumen bis zu acht Stunden kühl; dann aber

Linke Seite:
Holz aus der Region ist hinsichtlich der Nachhaltigkeit im Grunde der beste Baustoff – insbesondere dann, wenn es nicht behandelt oder mit ökologischen Farben gestrichen wurde. Hier wurde es für den Terrassenbelag eingesetzt (Planung: Richard Stihler).

Rechts beide:
Im Innenausbau können konstruktive Elemente, Innenwände, Fensterrahmen, Böden und Mobiliar aus Massivholz gefertigt werden. Das ist nicht nur ein großes Plus für das Raumklima, sondern schafft auch eine angenehme Atmosphäre (Planung: oben Gernot Vallentin, unten Walter Unterrainer).

kühlt die Außenluft bereits wieder soweit ab, dass es bei guten Lüftungsmöglichkeiten zu überhaupt keiner Überhitzung der Innenräume kommt. Aufgrund ihres hoch effektiven Hitzeschutzes sind Dämmungen aus nachwachsenden Rohstoffen also auch eine vergleichsweise preiswerte Alternative zur kontrollierten Be- und Entlüftung im Passivhaus oder auch eine sinnvolle Ergänzung. Die Verwendung solcher nachhaltiger Dämmstoffe ist dringend zu empfehlen, auch wenn die Preise noch höher liegen als die konventioneller Produkte. Einen gewissen Ausgleich bieten die von Staat zu Staat und von Region zu Region unterschiedlichen Fördermöglichkeiten (zu den Anlaufstellen siehe die Angaben im Anhang dieses Buchs). Ökologische Dämmstoffe müssen selbstverständlich mit den dazu passenden anderen Produkten (zum Beispiel Baupappen) eingesetzt werden.

WOHLFÜHLEN UND WOHNGESUNDHEIT

Die Frage, ob sich in einem neu errichteten Haus sofort ein wohliges Gefühl einstellt, hängt von der Belichtung, dem Raumeindruck, der Qualität des Wohndesigns und anderen Faktoren, aber in besonderem Maße von der bauphysikalischen und baubiologischen Qualität und der Schadstoffbilanz der verwendeten Produkte und Materialien ab. Hierbei ist zunächst auf die bereits kurz angesprochene Diffusionsoffenheit, das heißt die Feuchtigkeitsdurchlässigkeit der gesamten Konstruktion, zu achten. Anfallender Wasserdampf muss zum einen von den Innenwänden möglichst gut gespeichert und allmählich wieder an die Raumluft abgegeben werden können, zum anderen von drinnen nach draußen und umgekehrt diffundieren können. Nur dann herrscht ein angenehmes Raumklima, wogegen sich bei nicht oder wenig feuchtigkeitsdurchlässigen Wänden und Decken eine unangenehme, »schwüle« Atmosphäre bemerkbar macht. Auch Bauschäden können bei zu feuchter Raumluft, zumal bei geringer Luftbewegung, die Folge sein. Eine sehr gute Diffusionsoffenheit weisen insbesondere Massivholzkonstruktionen, reines Ziegelmauerwerk, Mineral- und Kalkputze sowie Kalkcasein- und Silikatfarben auf. Ökologische Baupappen (etwa als Dampfbremsen vor der Dämmungsebene) sollten anstelle dampfdichter Absperrbahnen eingesetzt werden. Dampfsperren sind de facto überhaupt nur in Ausnahmefällen notwendig, etwa in Nassräumen wie Saunen oder in Bädern ohne Luftabzug. Kunststoffputze und Kunststofffarben können selbst bei ansonsten bauphysikalisch akzeptablem Wand- und Deckenaufbau das Wohnklima negativ beeinflussen. Modische Mogelpackungen wie etwa Kunststofffarben mit Abperleffekt, der im Übrigen völlig überflüssig ist, täuschen Bautenschutz vor, verschlechtern in Wirklichkeit aber die Aufenthaltsqualität im Haus.

Links: Von Sonnenlicht beschienenes Massivholz entwickelt eine besonders warme Ausstrahlung. Die hier weiß abgesetzten Holzfenster wirken wie überdimensionale Bilderrahmen (Planung: Rainer Graf).

Rechte Seite: Die besondere Qualität dieses ganz in Massivholz gestalteten Raums gewinnt noch durch die Nähe der Bäume vor dem Fenster und deren Schattenspiel. Hier zeigt sich, dass Innenraumgestaltung mit Holz wohnlich und geradlinig zugleich sein kann (Planung: Thomas Ott).

BODENBELÄGE MIT KLASSE

Da sie letztlich im Wortsinn die Grundlage für das Wohnerlebnis bilden, kommt den Bodenbelägen besondere Bedeutung zu. Die Vielfalt des Angebots ist schier unbegrenzt, die Auswahl fällt deshalb entsprechend schwer. Die folgende Übersicht mit Informationen zu Preis, Optik, Haptik und anderen Eigenschaften einiger empfehlenswerter Beläge sollen dem Bauherrn die Auswahl erleichtern:

BELAGSARTEN FÜR DEN INNENBEREICH UND IHRE EIGENSCHAFTEN

Bodenbelag	Einsatzmöglichkeit	Eigenschaften/Behandlung	Preis
Eichendielen	vielfältig, auch in Nassbereichen	haltbar, robust/mit geölter oder geweißter Oberfläche	mittel
Fichtendielen, Tannendielen	primär in Schlafräumen, Kinderzimmern	haltbar, weiches Holz, mit geölter Oberfläche	niedrig
Industrieparkett (meist aus Buche)	vielfältig, nicht in Nassbereichen	haltbar, robust/mit geölter Oberfläche	niedrig
Jurakalk-Platten	vielfältig	helle Farbe, dadurch aufhellende Wirkung, angenehme Haptik	hoch
Cotto	unversiegelt nur in Wohn- und Schlafbereichen	haltbar, fußwarm, etwas fleckenanfällig/besondere Verlegungstechnik	hoch
Linoleum	vielfältig, auch in beanspruchten Bereichen	sehr haltbar und robust, in vielen Farben und Mustern	niedrig
Kork	vor allem in Kinderzimmern	robust, weich, fußwarm, reduziert Trittschall	niedrig

linke Seite beide: Große Räume wirken durch einheitliche Beläge als Zusammenhang. Entscheidet man sich für Holzböden, sind Dielen oder (unversiegeltes) Parkett mit starker Nutzschicht empfehlenswert (Planung: Oben Dietrich | Untertrifaller, unten Michael Hamm).

Oben links: Holzböden können, wenn der Naturton nicht dominant sein soll, auch mit Weißpigment-Öl eingelassen, gelaugt und geseift oder, auf weniger beanspruchten Partien, auch weiß lasiert werden (Planung: Andreas Karlsreiter).

Links: Schwarzer oder anthrazitfarbener Schiefer ist, soweit nicht aus Übersee herbei transportiert, ein wundervoller Belag, der zu nahezu jedem anderen Material passt und zudem sehr widerstandsfähig ist (Planung: Hicker Architekten).

Oben: Beton- und Holzoberflächen sind ein markantes Gespann, die in ihrem Charakter reizvoll kontrastieren (Planung: Deppisch Architekten).

Holzböden sollten in jedem Fall unversiegelt eingebaut werden – das ist besser für die Umwelt, für die Atmungsfähigkeit des Holzes und ermöglicht es zudem, den Boden abzuschleifen und neu zu ölen, wenn sich im Lauf der Jahre deutliche Abnutzungsspuren zeigen. Das geht bei Dielenböden, die normalerweise eine Gebrauchsdicke von 20 bis 25 Millimetern aufweisen und bei Massivparkett mit ausreichender Nutzschicht (mindestens 10 Millimeter), jedoch nicht bei Billig-Mehrschicht-Parkett, auf das schon aus diesem Grund verzichtet werden sollte. Laminat als meist noch versiegeltes Industrieprodukt sieht lediglich ein wenig aus wie Holz, besitzt aber keine von dessen positiven Eigenschaften, wie etwa hoher Diffusionsoffenheit und damit ausgleichender Wirkung für das Raumklima, angenehmer Haptik, fußwarmer Temperatur, Schallabsorption, Verhinderung elektrischer Aufladung und natürlichem Aussehen.

Dielenböden – auch als Riemenböden bezeichnet –, die als selbst tragende Elemente einfach auf Lagerhölzer verlegt werden können, sind aufgrund dieser elastischen Konstruktion angenehm zu begehen und schonen die Fußmuskulatur. Profilierte Massivholzdielen mit Nut und angehobelter Feder, die aus optischen Gründen zumeist verdeckt geschraubt werden, sind in den unterschiedlichsten Qualitäten und Abmessungen erhältlich. Es empfiehlt sich, die Ware vor dem Kauf vor Ort in Augenschein zu nehmen. Will man eine sehr klare, ruhig wirkende Fläche erreichen, bietet sich die Verwendung so genannter Schlossdielen an, die Breiten bis etwa 40 cm aufweisen. Hier ist allerdings ein ausgeglichenes Raumklima ohne allzu große Temperaturschwankungen nötig, damit das Holz nicht zu sehr schwindet und die Bildung von Fugen nicht begünstigt wird.
Bei so genannten Landhausdielen handelt es sich um Mehrschicht-Parkettelemente mit einer durchgehenden oberen Decklage aus Nadel- oder Laubhölzern, die ebenso auf Lagerhölzer verlegt werden können.

Unter den Natursteinböden ist bei Granit, einem Tiefengestein, auf dessen beträchtliche radioaktive Strahlung hinzuweisen, weshalb er für großflächige Verlegung im Innenraum problematisch ist. Zudem vertragen sich die zumeist angebotenen polierten Oberflächen wie auch beim Marmor schlecht mit einer geradlinigen Architektursprache und wirken eher kalt als wohnlich. Dagegen sind für Liebhaber der Tonböden Cotto oder aber der angenehm helle und reizvoll strukturierte Jurakalk (zum Beispiel Solnhofener Platten) sehr empfehlenswert. Beide zählen allerdings nicht zu den günstigen Materialien.

Ein nach wie vor noch zu selten eingebautes Material ist Linoleum, das überwiegend aus natürlichen Rohstoffen besteht und als sehr unempfindliches Produkt auch in viel begangenen und beanspruchten Bereichen einsetzbar ist. Eine Vielzahl von angebotenen Farben und Mustern mit oft sehr interessanten Marmorierungen erlaubt die Auswahl nach dem individuellen Geschmack. Bevorzugte Einsatzmöglichkeiten sind Kinderzimmer, Flure und Büros, aber auch die Verwendung im Badezimmer ist durchaus möglich. Als Klickparkett lässt sich Linoleum selbst verlegen, ansonsten ist es eine Aufgabe für den Fachbetrieb.
Kork wird nicht nur als Dämmungsmaterial, sondern auch im Innenausbau für die Reduzierung des Trittschalls eingesetzt. Aber auch Korkböden können, soweit sie in einer Stärke von zumindest 4 Millimeter vorliegen, einen gewissen Beitrag dazu leisten. Vor allem aber sind sie angenehm begehbar, weich und warm und werden sogar in farbigen Variationen angeboten – allesamt Eigenschaften, die sie für die Verlegung im Kinderzimmer sehr geeignet machen. Die geringe Aufbauhöhe ist ein weiteres gutes Argument. Problematisch ist hier nur aus ökologischer Sicht der relativ weite Transportweg (meist aus Südeuropa).

Treppen, Brücken, Stege und Rampen stellen nicht nur die Verbindung von unterschiedlichen Niveaus her, sondern werden nicht zuletzt durch ihre beträchtlichen Abmessungen auch zu einem integralen Bestandteil der Innenarchitektur. Sie müssen einerseits ihrer Verbindungsfunktion gerecht werden und für die Bewohner komfortabel und gut benutzbar sein, sich aber andererseits auch harmonisch in die Räume einfügen. Insbesondere bei kompakten Häusern kommt es darauf an, dass sie unauffällig und filigran gestaltet sind, damit sie nicht zu dominant wirken, die Offenheit des Raumeindrucks wahren und nicht zuletzt die Belichtung möglichst wenig beeinträchtigen. Dazu dienen insbesondere der Verzicht auf Setzstufen, die filigrane Ausführung von Trittstufen und Bauteile mit schlanken Konstruktionen (Holme/Wangen) beziehungsweise geringen Querschnitten und in unauffälligen Farben. Letztere Voraussetzung erfüllen etwa schlanke Handläufe aus Edelstahl, Geländer- und Brüstungsfüllungen aus Spanndrähten und Trittstufen aus Gitterrosten. Die Steigerung der Unauffälligkeit stellen Treppen dar, die nur aus einseitig in der Wand montierten einzelnen Blockstufen bestehen. Natürlich muss dabei das gestalterische Ziel eines offenen Raumeindrucks immer mit Sicherheitserwägungen abgewogen werden. Dies gilt vor allem bei Familien mit kleinen Kindern und auch bei älteren Menschen, die nicht mehr ganz so trittsicher sind. Ästhetisch für viele Menschen ansprechend, weisen übrigens auch Spindeltreppen funktionale Defizite auf, da man sie mit sperrigen Gegenständen oft überhaupt nicht begehen kann. Daher sollte vor der Entscheidung über die Abmessungen und die Ausführung einer Treppe immer auch deren Zweckbestimmung eine entscheidende Rolle spielen. Soll etwa im Obergeschoss oder unter Dach ein Klavierzimmer entstehen, so muss gewährleistet sein, dass das Instrument auch problemlos hinauf und hinunter befördert werden kann. Hierfür eignen sich grundsätzlich – entsprechende Abmessungen vorausgesetzt – gerade Treppen am besten, gewendelte Exemplare weniger gut.
Die gestalterische Variante zur filigranen Treppe sind Versionen, die sich als skulpturale Bestandteile des Raums verstehen. Teils gemauert, meist betoniert, erfüllen sie häufig auch statische Funktion und dienen zur Unterbringung zusätzlichen Stauraums (zum Beispiel einer Regaleinheit).

Treppen sollten ebenso wie andere Erschließungsbereiche möglichst wenig Platz beanspruchen und im Normalfall dem Eingangsbereich zugeordnet sein, um eine effektive Raumausnutzung zu gewährleisten. Zusammen mit untergeordneten Funktionsbereichen wie WC und Lagerräumen werden Treppen zumeist auf der Nordseite angeordnet.

Im Wohnhaus nicht so allgegenwärtig wie Treppen, sind Brücken und Stege eher eine Bereicherung der Architektur und teils sogar ein spektakuläres Element des Raumzusammenhangs, etwa dann, wenn sie den Luftraum hoher Räume durchschneiden und große Spannweiten besitzen.
Rampen finden sich im Wohnhaus zur Überwindung von Höhenunterschieden eher selten, allerdings sind sie in behindertengerechten Gebäuden mit Split-Level-Bauweise ausgesprochen sinnvoll. Niedrige Treppen im Eingangsbereich lassen sich ebenfalls bestens durch Rampen ersetzen oder ergänzen.

Oben links: Der Verzicht auf ein Geländer macht diese gerade Treppe zu einem Bestandteil des Koch- und Essbereichs, der Holzbelag bildet einen spannungsvollen Gegensatz zum Sichtbeton der Wand.

Oben rechts: Diese Treppe in Stahlkonstruktion wirkt filigran und durchgängig, was auch durch die unauffälligen Stahlseile als Brüstungsfüllungen und den Verzicht auf Setzstufen unterstrichen wird.

Unten links und rechts: Betontreppen können als skulptural geformte Raumelemente gestaltet werden – hier als gefaltetes Band mit rudimentärem Geländer und Handlauf aus Flachstahl.

(Planung/von links oben nach rechts unten: bembé dellinger architekten, Schneider Architekten, Deppisch Architekten).

ES MUSS NICHT IMMER PUTZ SEIN – DIE VIELFALT DER FASSADENMATERIALIEN

Mit zunehmendem Erfolg des Holzhausbaus werden auch Fassadenschirme aus Massivholz zum alltäglichen Bild. Dabei werden zumeist waagerecht oder auch senkrecht montierte, glatte oder auch profilierte Bretter unterschiedlicher Breite auf eine Unterkonstruktion (Lattung und Konterlattung) aufgeschraubt. Hierbei ist – wie auch bei anderen Fassadenmaterialien – wegen der erforderlichen Dauerhaftigkeit der Maßnahme die Verwendung von Befestigungsmaterialien beziehungsweise von Schrauben aus Edelstahl notwendig. Selbstverständlich kann auch massives Mauerwerk mit einer Holzfassade versehen werden, jedoch ist dies im Grunde nicht sehr sinnvoll und insgesamt zu teuer, denn das Mauerwerk darunter muss zur Herstellung der Luftdichtigkeit zuvor verputzt werden, sofern nicht außen ein Wärmedämm-Verbundsystem aufgebracht worden ist.
Bei unbehandelten Fassaden, die keinen Pflegebedarf nach sich ziehen, kommt es im Lauf der Zeit zu einem an sich angenehmen Vergrauen, wobei Lärche je nach Qualität und Ausführung des Dachüberstands auch einmal zum Verschwärzen neigen kann. Bei den übrigen Hölzern bsteht diese Problematik kaum, nur unter Vordächern beziehungsweise größeren Dachüberständen kann es auf ein und derselben Fassadenseite zu einer unterschiedlich starken Bewitterung und damit einer ungleichmäßigen Verfärbung der unteren und oberen Fassadenpartien kommen. Ansonsten aber passen die silbergrauen Außenwände bestens zu zeitgemäßer Architektursprache und eignen sich aufgrund ihres natürlichen, unauffälligen Charakters ganz besonders für Wohngebäude in naturnaher Umgebung.

Oft bei Renovierungen an historischen Gebäuden eingesetzt, eignen sich zumeist aus Lärche oder Weißtanne gefertigte Holzdachschindeln auch bestens zur Verkleidung von Fassaden – und dies unabhängig vom Standort. Die Kombination mit großen Glasflächen ergibt spannende Akzente. Dieser Fassadentyp ist aufgrund der zeitaufwändigen Herstellung und Montage allerdings nicht gerade günstig. Bedeutend preiswerter sind Faserzementtafeln zu haben, die zudem auch in deutlich kürzerer Zeit montiert werden können und in vielen unterschiedlichen Farben angeboten werden. Gut geeignet für zeitgemäße Architektur und preislich ebenfalls im unteren Bereich angesiedelt sind aus dem Industrie- und Gewerbebau bekannte, aber auch bei zeitgemäßen Wohngebäuden eingesetzte Aluminium-Wellplatten, die an Fassaden meist waagerecht angebracht werden. Sie können mit einer ebensolchen Dachdeckung kombiniert werden, um gestalterische Einheitlichkeit zu erzielen.
Noch günstiger wird es bei alternativen Fassadenmaterialien wie etwa speziellem Textilvlies, das auch mittels Schrauben auf einer Unterkonstruktion aus Holz befestigt wird. In verschiedensten Farben angeboten – von Weiß und Schwarz über Grau, Grün und Blau bis hin zu Gelb – eignet sich dieses Produkt gleichzeitig bestens für die Aufbringung in Eigenleistung (Bezugsquellen siehe Anhang).

Linke Seite: Abgeschlossene Treppenbereiche erhalten durch gute Farbgestaltung, hier helles Magenta, Grau und Weiß, einen besonderen Charakter. Verglaste Türen und gut platzierte Leuchten sorgen für eine gute Belichtung und eine angenehme Stimmung (Planung: rolf + hotz/ Matthias Hotz).

Rechts: Die Fassade dieses wirkungsvoll inszenierten Eingangs besteht aus anthrazitfarbenen Faserzementtafeln, deren versetzte Anordnung dem Gebäude besondere Spannung verleiht (Planung: Dalla Corte + Völkle)

Linke Seite: Nicht nur bei Fassaden und Dächern alter Bauernhöfe, sondern auch bei modernen Neubauten machen Holzschindeln eine gute Figur. Gute Qualitäten bringen es auf die gleiche Lebensdauer wie andere Fassaden (Planung: Walter Felder, Michael Becker und Rolf Ennulat).

Rechts: Hier wurde die Giebelseite mit einer waagerechten Schalung aus schmalen Brettern versehen, die eine sehr feine Lineatur erzeugt.

Unten: Gewellte Metallplatten aus Aluminium, Zink oder verzinktem Stahl verbinden Dauerhaftigkeit mit interessanten Hell-Dunkel-Wirkungen.

Unten rechts: Diese Stülpschalung aus Weichholz ist im Hinblick auf die Witterungsbeständigkeit blau gestrichen worden. Zur westlichen Wetterseite hin sind die Stöße durch ein Zinkstahl-Blech vor Schlagregen geschützt.

PUTZ UND FARBE

Soll die Außenwand verputzt werden, ist bei massivem Mauerwerk dringend zu Kalk- oder Mineralputzen zu raten. Dies funktioniert auch problemlos, wenn sich auf der Außenwand ein diffusionsoffenes Dämmsystem (etwa mit einer Dämmschicht aus Holz-Weichfaserplatten und mineralischem Wärmedämmputz mit Zellulose-Anteil) befindet. Der Feinputz kann gegebenenfalls – je nach gewähltem Putz – mit Kalkcasein- oder Silikatfarbe eingefärbt werden. Dieses Vorgehen erspart beträchtliche Kosten für einen separaten Anstrich. Bei sorgfältiger Ausführung und Baukontrolle kann auch einlagig aufgebrachter Putz genügen. Der Putzauftrag geht heute in aller Regel maschinell vonstatten, dann wird von Hand nachgearbeitet.
Bei Lehmbauten üblich, sind Lehmputze im Innenbereich durchaus auch für Massiv- und Holzhäuser empfehlenswert. Man erhält einen Baustoff mit hervorragenden bauphysikalischen Eigenschaften und bester Wirkung auf das Raumklima.

Putze wie auch Wand- und Deckenfarben sollten kunstharzfrei und voll deklariert sein. Kaseinanstriche, Bienenwachslasuren (auf Basis von Künstlerfarbpigmenten und Bindemitteln auf Bienenwachsbasis) und Naturharzputze eignen sich für die kreative Wandgestaltung (vergleiche zum Beispiel www.beeck.de).

Für die Auswahl der Farben sollten abgesehen von bauphysikalischen Überlegungen auch die Haltbarkeit und Dauerhaftigkeit eine entscheidende Rolle spielen. So behalten Silikatfarben und Kalkcaseinfarben als Außen- und Innenanstriche bei fachgerechter Ausführung über viele Jahrzehnte hinweg ihre Qualität, während Kunststofffarben schon bedeutend früher unästhetisch aussehen, von Flechten besetzt werden und sanierungsbe-

Häuser in Betonbauweise kommen ohne Putz und Anstrich aus. Sichtbeton wirkt zeitgemäß, muss aber im Hinblick auf ein stimmiges Äußeres technisch sehr sorgfältig ausgeführt werden (Planung: atelier-f/ Kurt Hauenstein).

dürftig sind. Schon damit sind die Mehrkosten einer hochwertigen Silikatfarbe wieder mehr als hereingespart. Gerade bei mineralischen Putzen sollte ohnehin auf optimal angepasste Silikatfarben zurückgegriffen werden. Silikatfarben (Beispiel KEIM) sind aus unterschiedlichen Anteilen anorganischer Pigmente (zum Beispiel Eisenoxyd), Füllstoffen und flüssigen Silikaten als Rohstoffe eingesetzt. Durch organische Zusätze ist die Farbe optimal verstreichbar. Diese hoch dampfdurchlässigen und wasserabweisenden Farben von hoher Qualität sind extrem dauerhaft und besitzen erstaunliche ästhetische Vorteile. Aufgrund ihrer hohen Deckkraft können sie auch mit mineralischen Bindemitteln verdünnt werden, was die Haltbarkeit weiter erhöht und das Erscheinungsbild zusätzlich verbessert. Nicht ganz zufällig werden Silikatfarben auch in der Sanierung und im Denkmalschutz bevorzugt eingesetzt. Wer ein mit Silikatfarben gestrichenes Haus im Verlauf eines Tages und bei wechselnden Lichtverhältnissen betrachtet, wird von der Qualität und Strahlkraft der Farbe erstaunt sein.
Kalkcaseinfarben sind ebenfalls eine gute Wahl. Sie eignen sich insbesondere für den Anstrich von Luftkalkputzen und Lehmuntergründen.
Nicht nur Innen- sondern auch Außenanstriche lassen sich in Eigenregie durchführen. Bei zweigeschossigen Gebäuden bedarf es dafür eines Baugerüsts, das aus Haftungsgründen von einer Fachfirma aufgestellt werden sollte. Dafür kann jedoch auch das Baugerüst mit genutzt werden. Mobile, verschiebbare Exemplare für kleinere Bereiche können gemietet werden und kosten vergleichsweise wenig Geld. Eingeschossige Putzflächen lassen sich meist auf praktische Weise ohne Gerüst streichen.

HOLZFARBEN UND LASUREN

Lacke, die zumeist seidenmatt oder matt für Holzoberflächen im Innen- wie auch im Außenbereich sowie für Metalloberflächen wie Heizkörper eingesetzt werden, sollten nach ihrer Verarbeitungsqualität, Deckfähigkeit, Dauerhaftigkeit, hohen Dampfdurchlässigkeit und nicht zuletzt ihrer gesundheitlichen und ökologischen Unbedenklichkeit ausgewählt werden. Flüchtige organische Verbindungen (VOC) beziehungsweise aromatische Kohlenwasserstoffe und andere Zusatzstoffe, die Nervensystem und Erbgut schädigen und Krebs auslösen können, sind vor allem in konventionellen lösemittelhaltigen Lacken enthalten. Es sollte stattdessen auf wasserlösliche Lacke zurückgegriffen werden, die auf gesundheitliche Unbedenklichkeit getestet worden sind (siehe www.oekotest.de).

Lasuren sind dann die bessere Wahl als Lacke, wenn die Struktur von Oberflächen (etwa die Maserung von Deckenbalken oder Wandverkleidungen aus Holz) sichtbar gehalten werden soll. Lacke wie auch Lasuren werden wahlweise farblos und in einer von Hersteller zu Hersteller unterschiedlichen Farbpalette angeboten. Die Farbtöne basieren im Idealfall auf natürlichen Pigmenten.
Bei Neuanstrichen auf Holzoberflächen ist in der Regel ein zweimaliger Farbauftrag notwendig, teils eine Grundierung mit einer speziellen Vorstreichfarbe.
Wer es natürlich mag, kann Holzoberflächen wie Fußböden auch nur mit Ölen (z.B. Leinöl) behandeln, um so die Oberflächen zu schützen und doch den Holzton zu unterstreichen.

Häuser in Holzbauweise können ebenso verputzt werden wie solche in Ziegel-Massivbauweise. Um Kosten für einen separaten Anstrich zu sparen, kann der Putz gleich im gewünschten Ton eingefärbt werden. Die neutralste und zeitloseste Farbe ist nach wie vor Weiß, das im Grunde eigentlich immer passt – aber bitte als reine Silikat- oder Kalkcaseinfarbe! (Planung: Walter Engl)

WOHNKONZEPTE NACH MASS

Wenn die Ausgestaltung der Innenräume perfekt gelingen soll, sollte die Aufgabe in ihrer Gesamtheit betrachtet, als solche überplant und ausgeführt werden. Dazu sind einige Leitlinien hilfreich, um auch als Nicht-Fachmann eine spannende Gesamtkomposition zu erreichen:

Rechte Seite oben:
Flexibel nutzbare Innenräume entstehen durch offene Grundrisse mit der Möglichkeit, bei Bedarf Abtrennungen zu schaffen – in diesem Fall durch Glas-Schiebetüren (Planung: Deppisch Architekten).

Rechte Seite unten:
In diesem kompakten Einfamilienhaus gehen Wohn-, Ess- und Kochbereich ineinander über. Ein Kamin spendet Wärme und Behaglichkeit, das Farbkonzept aus Weiß, Holztönen und Rot schafft eine ganzheitlich stimmige Atmosphäre (Planung: mrb architekten).

KREATIVITÄT MIT KOMPETENZ: DIE BESTEN TIPPS FÜR DIE INNENRAUMGESTALTUNG

- Planen Sie das gesamte Raumprogramm und führen Sie es ggf. in Teilschritten aus.
- Gestaltung mit natürlichem Licht ist die Grundlage der Raumwirkung und setzt eine bewusste Setzung der Fassadenöffnungen voraus.
- Die Beleuchtung sollte aus einer unauffälligen, gedämpften Beleuchtung und einigen gezielt gesetzten Effekten bestehen.
- Lichtquellen sollten so geplant werden, dass sie zugleich zurückhaltend und wirkungsvoll sind.
- Gegensätze erzeugen Spannung – z. B. helle und dunkle Flächen, matte und glänzende Oberflächen.
- Sorgen Sie für spannende Wechselwirkungen aus Alt und Neu.
- Setzen Sie Gestaltungselemente in einen neuen Zusammenhang – etwa alte Holzleitern als Blumentreppen, Malstaffeleien als stumme Diener.
- Weniger ist immer mehr – setzen Sie wenige Möbel und Asseccoires gezielt ein, verzichten Sie auf übermäßige Dekoration.
- Die Grundlagen des Farbkonzepts sollten zeitlose und elegante Farben wie Weiß, Grau und Braun bilden, intensive Töne dagegen punktuell als Effekte verwendet werden, es sei denn Sie gestalten bewusst mit intensiven Farben, was zu häufigerem Wechsel animiert.
- Kombinieren Sie ruhiges, neutrales Weiß mit anderen Naturtönen.
- Schmücken Sie Ihr Haus mit Blumen und bauen Sie sie nach Möglichkeit auch im eigenen Garten an.
- Schaffen Sie Harmonie zwischen Drinnen und Draußen mit Landschaftsfotografien, Gemälden und natürlichen Materialien.

VOM WOHNBEREICH BIS ZUM BADEZIMMER: GESTALTUNGSGRUNDSÄTZE FÜR ALLE RAUMFUNKTIONEN

Auch wenn die Funktionsbereiche Wohnen, Essen und Kochen im Raumprogramm zunehmend vereint werden, ist die Ausgestaltung der »Sitzecke« doch von großer Bedeutung, da sie als gemeinsame Ruhezone angesehen wird, in der es sich optimal entspannen und kommunizieren lässt. Sie ist am besten am Kopfende eines Raumes untergebracht oder wird zumindest von einer Wandscheibe, einer Regaleinheit oder einem Ofen abgeschirmt – insbesondere dann, wenn der Wohnbereich Teil eines Einraumkonzepts mit Kochen und Essen ist. In warmen Tönen wie dunklem Rot oder Rotbraun betonte Wände bilden einen ebenso passenden Hintergrund wie neutral weiße oder schlichte graue Flächen. Sogar eine Wandscheibe in dunklem Braun ist denkbar – vor allem wenn dunkle Holzböden eingebaut werden –, zumal es sich dabei um eine wieder sehr beliebte Farbe im Innenraum handelt. Als Standort für den Ruhebereich eignet sich keine Durchgangssituation, da sie immer Unruhe einbringt. Auch ein kalter Luftzug macht den Aufenthalt unangenehm. Was die Stimmung hebt, ist dagegen ein schöner Ausblick in den Garten, in die Landschaft oder auf die Stadt.
Neben einer angenehmen Belichtung ist das Entspannen und Auftanken vor dem Feuer ein weiteres elementares Grundbedürfnis, das im gemeinsamen Wohnbereich nach Möglichkeit unbedingt berücksichtigt werden sollte. Gerade in der kalten Jahreszeit versammeln sich alle Bewohner gerne um einen Kamin- oder Kachelofen, der wohltuende Wärme und eine wundervolle Stimmung erzeugt. Varianten mit sichtbarer, etwa verglaster Feuerstelle sind optimal, da sie auch visuelle Erlebnisse bieten. Dies lässt sich mit einem gemauerten Grundofen ebenso erreichen wie mit einem Kaminofen. Sogar die oftmals stiefmütterlich behandelten Holzlegen lassen sich, wie mehrere Beispiele dieses Buchs zeigen, so in das Wohnambiente integrieren, dass sie richtig urig wirken und zum Teil der Innenarchitektur avancieren.
Der Trend zum Kochen aus Leidenschaft ist ungebrochen – aber sicherlich nicht im Schleiflack-Ambiente! Inspirierend wirken vielmehr Zubereitungs- und Essplätze, die mit einer geplanten Mischung aus Massivholzoberflächen und Metall arbeiten und die die Räume nicht erschlagen, also etwa Platz unter dem Korpus lassen und auf überdimensionierte Küchenmöbel verzichten. Stauraum für Lebensmittel und Küchengeräte wird besser in einem kleinen Nebenraum bereitgestellt.
Auch das Speisen macht mehr Spaß ohne schweres Mobiliar. Am spannendsten wird es, wenn antikes Mobiliar auf klassisch modernes Design trifft, beispielsweise ein Jugendstil-Esstisch auf eine Bestuhlung von Ray und Charles Eames. Stimmung machen aber auch ein Satz antiker, filigraner Bistro-Stühle zusammen mit einer sondergefertigten neuen Tafel in Eiche mit klaren Formen.
Schlafzimmer bedürfen zunächst einer ruhigen Atmosphäre. Im Einfamilienhaus lässt sich dies am besten dadurch erreichen, dass Eltern- und Kinderbereich räumlich voneinander abgesetzt werden – in unterschiedlichen Geschossen oder separiert durch Erschließungsbereiche wie etwa Treppen. Das beruhigte Umfeld ist wichtig zur Entspannung. Dazu kommt ein von warmen Farben, Holztönen und ruhigem Weiß geprägtes Ambiente. Auf ein Übermaß an Dekoration wird man hier besser verzichten. Gezielt gesetzte Blickfänge wie ein harmonisches Bild, eine filigrane antike Kommode oder ein textiler Wandbehang wirken hier eleganter.
Wellness-Bereiche zuhause entstehen dadurch, dass Schlaf- und Badezimmer ganz oder in Teilen als gemeinsamer Raumzusammenhang ohne trennende Wände gestaltet werden – so etwa eine frei stehende, in Holz gekleidete Wanne in Nachbarschaft zum im gleichen Material gefertigten Bett. Neben einer guten Belichtung spielt es für den Wohlfühl-Erfolg im Badezimmer eine wichtige Rolle, dass sich eine klare Gestaltung und warme Materialien wie Holz (hier unbedingt wasserresistente Arten wie Akazie oder Robinie) zusammenfinden. Weiche Textilien, Pflanzen und eine stimmungsvolle Beleuchtung mit Kerzenschein sind ideale Accessoires, Durcheinander ist dagegen ein Wohlfühl-Killer. Einbauschränke an der Wand oder Unterbaulösungen sollten Baduntensilien unsichtbar aufnehmen. Ob man die Wanne lieber frei und unbeengt in den Raum stellt oder in einer durch Stufen erreichbaren Nische unterbringt bleibt dagegen dem persönlichen Empfinden überlassen. In landschaftsnaher Umgebung ohne direkte Nachbarschaft läst sich die Wanne auch vor einer Panorama-Scheibe platzieren, so dass man beim Baden auf die umliegende Landschaft blickt. Kaum etwas ist schwieriger als die Auswahl der Fliesen, aber sie sollten zum übergreifenden Gestaltungskonzept

Der Wohnbereich lebt von guter Belichtung, einem schönen Ausblick und einer großzügigen Raumgestaltung ohne jedes Beengungsgefühl. Bei der Möblierung können durchaus antike und moderne Elemente kombiniert werden (Planung: Shirin und Uwe Brückner/Thorsten Ruppe).

Entspannungs- und Schlafplätze bedürfen einer entsprechenden Atmosphäre. Dieses Beispiel einer modernen Höhle spielt mit der von runden Formen ausgehenden Behaglichkeit, indem ein Betonkorpus mit einer opulent wirkenden weicher Samtpolsterung in warmem Rot ausgeschlagen worden ist (Planung: bembé dellinger).

Essplätze für das gemeinsame Speisen und Feiern mit Freunden sollten sich nicht nur nahe dem Kochbereich befinden, sondern auch großzügig und stimmungsvoll belichtet sein.

Links: Für die kurze Mahlzeit zwischendurch genügt auch ein kleiner »Barbereich« bei der Küche (Planung: Richard Stihler).

Rechte Seite beide: Küchen bedürfen einer guten Belichtung durch gut platzierte und dimensionierte Fenster, nach Möglichkeit mit direkter Anbindung zum Garten beziehungsweise zur Terrasse. Ein frei stehender Küchenblock mit Kochplatte ist praktisch und fördert die Kommunikation zwischen Koch- und Essbereich. Oberflächen werden zumeist in Massivholz oder Edelstahl ausgeführt (Planung: oben Imhof Architekten, unten atelier-f/Kurt Hauenstein).

Unten alle: Ein Bad mit Wohlfühl-Charakter lebt von stimmungsvoller Beleuchtung und Belichtung, Holzoberflächen und viel Transparenz. Duschbereiche werden am besten barrierefrei und nur mit Abfluss im Boden, ohne Duschwanne, gestaltet. Frei stehende Badewannen werden mittlerweile in einer Vielzahl unterschiedlicher Design-Varianten angeboten. Steht genügend Platz zur Verfügung, kann dem Bad auch ein stimmungsvoller Entspannungs-Platz hinzugefügt werden (Planung/ von links oben nach rechts unten: löhle neubauer architekten, Architekturbüro [lu:p], may.schurr.architekten, Schneider Architekten).

passen, klar gestaltet und nicht flächig, sondern eher punktuell eingesetzt werden. Die außerhalb des Spritzwasserbereichs gelegenen Wandpartien werden dann einfach verputzt und gestrichen. Duschwannen und fertig gelieferte Duschkabinen sind nicht nur teuer, sondern in aller Regel auch keine Zierde. Stattdessen sei empfohlen, einfach nur einen Ablauf im Fliesenboden vorzusehen und den Duschbereich mit satinierten oder farbigen Glasscheiben beziehungsweise gemauerten Wandscheiben abzugrenzen.

Das Element Wasser kann ungemein zur Entspannung beitragen – auf vielfältige Weise, wie die Beispiele dieses Buches zeigen: Teils ist es der Blick auf einen benachbarten See, teils ein Brunnen im eigenen Garten oder sogar ein Pool fürs tägliche Badevergnügen. Soll das Becken das Ziehen von Bahnen ermöglichen, sind Maße von 4x8 Metern das Minimum, zur kurzen Abkühlung genügt selbstverständlich auch weniger. Swimmingpools sollten bei Familien mit Kindern unterschiedliche Niveaus besitzen, damit die Kleinen frühzeitig darin stehen können. Im Kleinkindalter sind Pools allerdings eine Gefahrenzone, daher wird mit ihrer Anlage am besten bis zu dem Zeitpunkt gewartet, wenn die Kinder schwimmen können.

Bauherren mit Faible für die Sauna, die für ihre Leidenschaft nicht ständig das Haus verlassen möchten, können sich ihr individuelles Wellnesss-Erlebnis auch bestens daheim schaffen. Dafür muss und sollte es nicht immer der Keller sein, im Obergeschoss – etwa dem Badezimmer und Schlafzimmer zugeordnet – passt es hinsichtlich des Lebensablaufs meist viel besser. Zudem werden nach Möglichkeit individuell geplante Saunen mit Fenstern versehen, die Licht herein bringen und im idealen Fall schöne Ausblicke bieten, aber auch Glastüren und -wände verbessern die Belichtung. Eine Alternative ist die Unterbringung in gut belichteten Hanggeschossen. Hier ist auch eine räumliche Zuordnung zu einem Außenpool mit zugehöriger Entspannungs-Terrasse möglich – und natürlich bedeutet dies die perfekte Abrundung des Wohlfühl-Erlebnisses.

Unten: Feuerstellen und Kaminplätze sind beliebte Familien-Treffpunkte, wenn eine gemütliche Ofenbank vorgesehen wurde. Warm wirkende Massivholzböden und rote Wandflächen ergänzen die Wohnsituation perfekt (Planung: Walbrunn Grotz Architekten).

Ganz unten: Insbesondere in Räumen mit Rückzugscharakter wie Schlafzimmern sind Wohntextilien in ruhigen und freundlichen Farbtönen wie warmem Gelb und Grün in Kombination mit Massivholz zu empfehlen.

INTERIOR DESIGN, DAS NICHT VON DER STANGE IST

Die äußere Architektur und die Raumaufteilung im Inneren werden von Architekt und Bauherren gemeinsam verabschiedet, gehen in der Regel jedoch auf die Vorschläge und Entwürfe des Planers zurück. Das sollte auch so sein, denn ansonsten wäre er ja überflüssig. Wenn es dann aber an die innere Ausgestaltung geht, ist dies zumeist das Feld, auf dem die Bauherren ihre spezifischen Wünsche und ihren individuellen Geschmack verwirklichen. Damit dies gelingt, sollte man sich ruhig mit dem Architekten beraten, deshalb braucht man sich ja noch nicht die Einrichtung von ihm entwerfen lassen. Wenn die Bauherren sich doch dafür entscheiden, etwa die Küche, Tisch oder Sitzmöbel vom Planer maßschneidern zu lassen, geschieht dies meist, um eine durchgehende Handschrift und eine gleichbleibend hohe Qualität des Designs zu sichern – selbstverständlich nur dann, wenn die bisherige Arbeit des Architekten überzeugt hat und die nötigen Mittel vorhanden sind, ihn auch mit Teilen der Einrichtungsentwürfe zu betrauen.

Wenn Sie Altes lieben, aber auch Gefallen an neuem Design finden, sind die besten Voraussetzungen für einen geschmackvollen Stilmix gegeben. Achten Sie darauf, dass antike Elemente nicht zu sehr modernisiert sind, denn gerade ihre Patina macht ja ihren besonderen Reiz aus und ermöglicht es, einen fruchtbaren Kontrast zu neuem Design herzustellen. Daher braucht auch durchaus nicht jeder antike Stuhl wie neu auszusehen, ja er soll es gar nicht.

Wohnaccessoires in der Farbe Weiß wirken immer wohltuend ruhig und neutral. Daher eignet sich Weiß sehr gut zur Kombination mit Naturtönen, was eine sehr harmonische Wohn-Stimmung erzeugt. Sehr schön wirken etwa weiße Wände mit Ton und Cotto, Naturstein und Naturholz zusammen.
Alle sichtbaren Bauteile sind Teil des Innenraums und können dementsprechend als Bereicherung oder als Störung der Wohnatmosphäre wirken. Deshalb müssen auch Details wie Türbeschläge, Lichtschalter und Steckdosen ins gestalterische Gesamtkonzept eingefügt werden.

TAUSENDUNDEINE VARIATION: DIE NATUR INS HAUS HOLEN

Übergänge schaffen Harmonie – so insbesondere bei der Verbindung zwischen Drinnen und Draußen. Was der Architektur recht ist, etwa mittels großer Fenster und Durchblicke zum Garten und in die Landschaft zu schaffen, sollte der Innenraumgestaltung billig sein. Lange Zeit etwas aus der Mode gekommen und manchem in der Stadt Lebenden nur vom Floristen vertraut, erlebt der Blumenschmuck im Haus seine Auferstehung – nicht zuletzt dank zahlreicher Aufsehen erregender Veröffentlichungen zum Thema (siehe auch das Literaturverzeichnis dieses Buchs). Mit geeigneten Behältnissen und Blumen aus dem eigenen Garten macht das Unternehmen Blütenlust besonders viel Spaß. Es gibt im Grunde keinen besseren Weg, Natürlichkeit und Atmosphäre zu erzeugen und gleichzeitig eine unendliche Auswahl an Gestaltungsmöglichkeiten zur Verfügung zu haben. Die Krönung des Naturerlebnisses ist die stete Wandelbarkeit der Arrangements – je nach Stimmung, jahreszeitlicher Atmosphäre und aktuellen Pflanzen der Saison. Pflanzenschmuck in Gestalt von Vasenschmuck, Gestecken und anderen Arrangements ist perfekt geeignet, den Innenraumeindruck ständig zu verändern und immer neu zu erfinden. Auch die Kombinationsmöglichkeiten mit anderen Naturmaterialien sind grenzenlos.
Neben floralen Kunstwerken können Garten und Natur etwa durch ein selbst aufgenommenes, großformatiges Foto eines Olivenbaum-Riesens oder der im Garten spielenden Kinder, ein charmantes Landschafts-Ölgemälde vom Trödler oder auch eine Skulptur aus Naturmaterialien in Szene gesetzt werden.

Grün und Blüten im Innenraum und im Freien wachsen hier durch die gläsernen Fassaden zu einem Ganzen zusammen (Planung: Sampo Widmann).

MÖBEL MIT BEDACHT AUSWÄHLEN UND KOMPONIEREN

Nicht selten werden Häuser aus Furcht, das Falsche zu kombinieren, im faden Einheitslook ohne Finesse gestaltet. Haben Sie keine Angst! Antikes, moderne Klassiker und brandaktuelles Design vertragen sich eigentlich immer großartig, wenn die Qualität des Einzelteils stimmt und keine völlig unmöglichen Farben kombiniert werden. Ein Beispiel für eine ebenso natürliche wie überzeugende Kontrast-Harmonie wären etwa ein antiker Landhaustisch und wertvolle alte Kelim-Teppiche mit modernem Design von Jasper Morrison und Patricia Urquiola. Vorsicht geboten ist bei sehr edlen, nebenbei meist sehr teuren Stücken aus dem

Oben: Die Natur kann auch zu einem Teil des Interieurs werden, wenn sie nur durch Ausblicke, einfallende Lichtreflexe und Schattenspiele von Bäumen präsent ist. Die honigfarbene Aura entsteht hier nicht zuletzt durch die Massivholzoberflächen und -möbel. Die sparsame Platzierung der Einrichtung lässt den Raum als Licht-Kunstwerk wirken (Planung: Walter Felder, Michael Becker und Rolf Ennulat).

Rechte Seite oben: Zeitlose Möbel wie die Liege LC4 von Le Corbusier kommen gerade in einem perfekten innenarchitektonischen Umfeld ideal zur Geltung.

Rechte Seite unten: Filigrane Esstische mit Stahl- oder Holzkonstruktion und Glasplatte lassen den Raum unverstellt und vertragen sich bestens mit Design-Klassikern wie dem Alu-Chair von Charles und Ray Eames (Planung: Grabow Klause Architekten).

18. und dem frühen 19. Jahrhundert (zum Beipiel Louis XVI, Biedermeier). Die meisten Exemplare aus dieser Epoche sind sehr gut restauriert, passen aber in aller Regel nicht zum Rest der Einrichtung. Beispielsweise kann eine enorm wertvolle Kommode im Raum dann statt als Blickfang wie ein Fremdkörper wirken, es entsteht keine gestalterische Gesamtkomposition. Wird dem gegenüber aber etwa ein einzelner Bistro-Stuhl aus dem Jugendstil mit deutlichen Gebrauchsspuren mit lauter modernen und antiken Einzelstücken völlig unterschiedlicher Provenienz und Farbgebung zusammen an einer langen Tafel platziert, kann sich eine sehr spannende Mischung ergeben.

Möbelklassiker werden primär in repräsentativer Absicht eingesetzt, haben aber aufgrund ihrer besonderen Qualität immer das Zeug, den Raumeindruck zu prägen und ein Gestaltungsthema vorzugeben. So besitzt der Sessel von Gerrit Rietveld so viel Klasse, dass er zum Mittelpunkt eines Raums im Grundfarben-Thema werden kann. Der Lounge Chair von Charles und Ray Eames ist im Wohnbereich oder in einem Leseraum am Fenster perfekt platziert und eignet sich aufgrund seiner sowohl modernen als auch traditionellen Design- und Materialsprache im Besonderen für Menschen, die in beiden gestalterischen Welten zuhause sind. Der Freischwinger von Marcel Breuer verschafft vollendeten Essgenuss am geweißten Eichentisch provencalischer Herkunft, macht sich aber auch perfekt zu Glasmobiliar oder als Solitär an einer weiß gekalkten Wand. Die Liege von Le Corbusier findet ihren passenden Standort im Entspannungszimmer und in der Bibliothek, wo zum Schwarz des Leders und Chrom des Gestells durchaus kräftige Farben addiert werden können, ansonsten aber am besten ganz auf gestalterisch dominante Möblierung verzichtet wird, um des Meisters Produkt gebührend zur Geltung zu bringen.

Am besten wirken ältere Exemplare der Klassiker, die aus den Jahren ihrer Existenz bereits wohltuende Patina mitbringen. Sie besitzen nicht zuletzt den Vorteil, dass sie etwa über Internet-Börsen meist sogar deutlich günstiger zu bekommen sind als fabrikneue Stücke. Im Übrigen werden besonders Werke weniger bekannter Designer oft gar nicht mehr neu hergestellt und man ist schon deshalb

Raumteiler und Stauraum in einem sind solche multifunktionalen Konstruktionen, die damit Zwischenwände überflüssig machen (Planung: mrb architekten).

auf alternative Beschaffungskanäle angewiesen. Vor allem in Großstädten finden sich zudem auch Spezialgeschäfte für gebrauchte Design-Möbel, wenngleich auch weniger günstig als im Internet.

MEHRZWECK-MOBILIAR UND UNGEWÖHNLICHES

Wer wenig Raum zur Verfügung oder einfach keinen zu verschenken hat, achtet besonders auf pfiffige Lösungen zum Sitzen, Ruhen und Schlafen, denn Betten und Sofas beanspruchen normalerweise viel Platz, ohne besondere Zusatzfunktionen zu bieten. Dafür gibt es jedoch neben dem Klassiker des Auszieh-Sofas, das viele neue Design-Varianten hervorgebracht hat, zunehmend andere multifunktionale Beispiele mit Raumspar-Mehrwert, die die Ausstattung insgesamt noch aufwerten. Eine Möglichkeit sind stapelbare Einheiten, die nach dem Schlafen aufeinander gestellt werden und so nur den halben Platz beanspruchen. Eine Variante stellen Klapp-Konstruktionen dar, die je nach Bedarf zum Sessel beziehungsweise Sofa oder zum Bett modifiziert werden können. Kreuzungen aus Bett, Sofa und Liege entstehen auch durch Polsterlehnen, die sich nach Bedarf und Belieben am Kopf- und Fußende einstecken lassen. Pfiffig sind auch Kombinationen von Betthaupt, schiebbarem Lesetisch und Ablagebord auf Rollen oder die optimale Ausnutzung des Raums unter der Liegefläche durch Schubladen und Regale.
In einer Zeit, in der alles schon da gewesen und für Manchen selbst der Luxus-Whirlpool gewöhnlich geworden ist, haben auch Kreuzungen aus Möbel und Wellness-Landschaft Konjunktur. So spendet beispielsweise das halb geschlossene, als moderne Muschel gestaltete Ruhe-Objekt »Lomme« Licht, besitzt eine Massagefunktion und wird per iPod mit zur Stimmung passender Musik versorgt.

INDIVIDUELLE IDEEN MIT OPTIMALER RAUMAUSNUTZUNG

Wichtig für das Gelingen und die Individualität eines innenarchitektonischen Konzepts sind weniger die großen, teils auch teuren Maßnahmen, sondern viel eher die kleinen Ideen und Kniffe, die den Unterschied vom Durchschnitt ausmachen. Ein Beispiel hierfür ist etwa die Herstellung von wandintegrierten, bandartigen Abstellborden, die die stilvolle Präsentation wertvoller Kunst (etwa Statuetten und Skulpturen) oder lieb gewonnener Accessoires

ermöglichen, ohne dass es ungeordnet wirkt. Solche Borde können zusätzlich mit Abdeckungen aus farbigem Glas versehen und hinterleuchtet werden. Das erzeugt insbesondere bei geringer Intensität des Umgebungslichts und bei Nacht sehr interessante Effekte. Gleiches gilt für punktuell vorgesehene Nischen, die an geeigneter Stelle – etwa bei einem Ofen oder korrespondierend zu einem Fenster – wundervolle Blickfänge für Kerzenleuchter oder Skulpturen sein können.
Um Zwischenwände optimal zu nutzen, können darin etwa Schlaf-Alkoven untergebracht oder gar klappbares Mobiliar wie Tische und Betten verstaut werden, wenn sie nicht in Gebrauch sind. In hohen Räumen lassen sich gut Podest-Konstruktionen einbauen, die im Sockelbereich reichlich gut erreichbaren Stauraum bieten.

Anstatt, wie es meist geschieht, zuerst Innenwände zu bauen und dann Mobiliar davor zu stellen, ist es sinnvoller, gleich die Wände einzusparen – vorausgesetzt, es handelt sich nicht um tragende Bauteile und die Installationen können anderweitig untergebracht werden. Einbauschränke und Einbauregale übernehmen dann die Funktion der räumlichen Strukturierung mit und man gewinnt auf diese Weise wertvollen Platz und Stauraum hinzu.

Insbesondere, wenn der Neubau kompakt ausfallen soll, oder einfach zur optimalen Ausnutzung des Raums und der Finanzmittel darf kein Quadratmeter verschenkt werden. Die folgende Aufstellung nennt die wichtigsten Maßnahmen:

WEITE UND RAUMGEFÜHL – SO NUTZEN SIE DEN PLATZ OPTIMAL

- Die Planung sollte einen möglichst großen Teil des Raumprogramms im Zusammenhang erlebbar machen (visuelle Durchgängigkeit schaffen)
- Möglichst wenige trennende Wände und Sichtbarrieren einplanen
- Hauptblickachsen und Ausblicke berücksichtigen – transparente Bauteile wählen (z.B. Glastüren)
- Drinnen und Draußen mittels großer Fensterflächen als Zusammenhang erlebbar machen
- Für großzügige Belichtung der Hauptwohn- und Kinderbereiche sorgen
- Durchgängigen Raum im Bodenbereich schaffen (einheitlicher Belag, Verlegetechnik, Möbel auf Füße stellen)
- Den Raum spannungsvoll strukturieren (z.B. durch Split-Level-Bauweise)
- Stauraum konzentriert an wenigen, unauffälligen Stellen schaffen
- Freies Volumen nutzen (Lager- oder Wohnraum im Überkopfbereich/ bei hohen Decken oder Einbauten in Zwischenwänden)
- Platz sparendes, filigran wirkendes Mobiliar verwenden und sparsam einsetzen
- Flexibles Einbaumobiliar (z.B. Klapptische und -betten) bzw. Mehrzweck- und Raumsparmöbel (z.B. Sofa-Betten, ineinander schiebbare Tische) vorsehen
- Aufbewahrungsmöglichkeiten schaffen mit innenarchitektonischen Kunstgriffen (z.B. wandintegrierte Lösungen)
- Optische »Tricks« nutzen (etwa Spiegel gezielt zur Raumvergößerung platzieren)
- Bevorzugt helle Farben verwenden (ggf. auch für den Boden)
- Bei der Farbgestaltung von unten nach oben heller werden, niemals umgekehrt!

Oben:
Wenn seitlich platzierte Lichtquellen durch Dachverglasungen ergänzt werden, entsteht eine besonders weiche Lichtstimmung.

Rechte Seite:
Großflächig verglaste Fassaden gewährleisten sowohl eine stimmungsvolle Belichtung als auch reizvolle Ausblicke (Planung: Shirin und Uwe Brückner/Thorsten Ruppe).

STIMMUNGSVOLLE BELICHTUNGS- UND BELEUCHTUNGSKONZEPTE

Wenngleich im eigentlichen Sinn kein fester Bestandteil des gestalterischen Arrangements, so spielt das natürliche Licht doch eine zentrale Rolle für die Stimmung in den Räumen und im ganzen Haus. Die Auswirkungen guter oder schlechter Belichtung und Besonnung auf den Stoffwechsel und den Körperhaushalt des Menschen und damit auf das emotionale Wohlergehen der Bewohner sind bekannt. Daher sind große Fenster und Glasscheiben für die Helligkeit insgesamt und vor allem nach Süden sehr wichtig, ebenso kommt es aber auf eine bestmögliche Lichtlenkung und wirkungsvolle Lichteffekte an, um eine anregende Innenraumsituation zu schaffen. Eine langweilige Belichtung ohne Finessen schafft hingegen eine schlechte Grundatmosphäre. Spannend wirkt es, wenn Fenster so gesetzt werden, dass zu ganz unterschiedlichen Tageszeiten in den einzelnen Räumen immer neue Lichteffekte mit sich verändernden Einfallswinkeln und veränderlicher Lichtqualität sowie interessante Schattenspiele entstehen. Grundsätzlich gedämpftes, weiches und damit besonders angenehmes, indirektes Licht kommt durch Firstverglasungen, Dachfenster und Dachsheds ins Haus. Unter runden Glaskuppeln entstehen kleine Lichthöfe, die in Reihung bandartige Muster auf Decken, Wände und Böden zaubern.

Die Beleuchtung sollte im Idealfall zugleich unauffällig und effektvoll sein. Angenehmes Licht geht insbesondere von (am besten stufenlos regelbaren) decken-, wand- oder bodenintegrierten Strahlern aus, die aufgrund ihrer Unauffälligkeit den Räumen ihre Wirkung belassen. Diese in den Decken versenkten Leuchten können für die Grundausleuchtung sorgen, während etwa auf den Wänden angebrachte Strahler punktuelle Akzente setzen. Wandleuchten, die ihr Licht indirekt, das heißt zur Decke oder zum Fußboden hin abstrahlen, verursachen keine Blendeffekte und zeichnen gleichzeitig sehr wirkungsvolle Streifen- oder Schirmmuster auf die Wände. Sind die Schirme mit Ornamenten versehen, so werden diese ebenfalls auf den Böden, Wände und Decken abgebildet. Versenkte Leuchten sind im Neubau besonders gut zu verwirklichen, da die Raumhöhen gleich so konzipiert werden können, dass Platz für abgehängte Decken bleibt, in denen die Korpusse und die Leitungen verschwinden. Abgehängte Decken werden in der Regel aus Gipsfaserplatten mit Holz- oder Aluminium-Unterkonstruktion hergestellt. Wandintegrierte Strahler finden sich besonders im Bereich von Treppen, die neben dem praktischen Beleuchtungseffekt für den Auf- und Abstieg auch die geometrischen Formen der Treppe nachzeichnen. Bodenstrahler kommen insbesondere in Fluren und im Außenbereich zum Einsatz, um Wegeverläufe, Sitzplatzsituationen und Platzbereiche zu betonen. Auch Swimmingpools, Wasserbecken und Brunnen entfalten illuminiert noch einmal eine ganz besondere Wirkung.

Im Wohnbereich empfiehlt sich die Bescheidung auf wenige, mit Bedacht platzierte Steh- und Tischleuchten, die den Mittelpunkt des Gestaltungskonzepts bilden. Eine klassische Stehleuchte genügt als Ergänzung der Grundbeleuchtung, ergänzt durch einige punktuelle Leseleuchten. Diese dürfen ruhig sachlich gestaltet sein, solange es dann nicht nach »Büro« aussieht. Über dem Essplatz kann, wenn über ihm großzügiger Luftraum zur Verfügung steht, ruhig einmal ein opulenter antiker Kronleuchter hängen, der mit einem geradlinigen, neu geplanten und gefertigten Eichentisch und passender Bestuhlung perfekt harmoniert.

Farbige, transparente Leuchtenschirme können sehr effektvoll sein, allerdings ist bei der Auswahl auf die persönlichen Farbvorlieben zu achten. Wer keine zu intensiven Stimmungen mag, ist mit einem blauen oder roten Schirm schlecht beraten. Bei Glas ist ein weißer Schirm nach wie vor der Klassiker, der bei Glühlampenlicht in jedem Fall eine warme Grundatmosphäre erzeugt. Einige angebotene Leuchten können ihr Farbenspektrum auf Wunsch variieren.

Die Wahl der Außenbeleuchtung sollte unter Berücksichtigung der Harmonie mit dem Architekturkonzept erfolgen. Wichtig ist, dass der Hersteller ausdrücklich die Tauglichkeit für den Außenbereich bestätigt. Geradlinig designte Ausführungen aus Edelstahl, verzinktem Stahl oder Aluminium weisen die höchste Lebensdauer auf und sehen auch lange ansprechend aus.

Ideal ist es, wenn die Grundbeleuchtung durch deckenintegrierte Leuchten geschaffen und durch punktuelle Lichtquellen wie Hängeleuchten ergänzt wird. Im Boden oder in der Wand eingebaute Leuchten weisen den Weg und zeichnen Raumkonturen nach (Planung: oben links und rechts Schneider Architekten, Mitte links Dietrich | Untertrifaller). Die Hängeleuchte »Titania« von Artimide (unten links) kann, wie einige andere angebotene Modelle, ihr Farbspektrum auf Wunsch variieren.

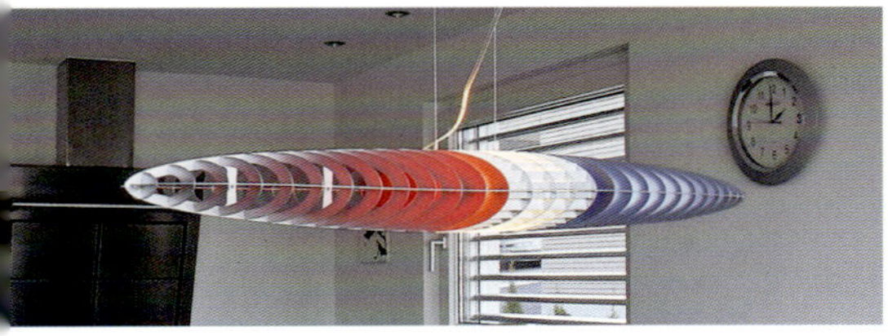

FARBE UND RAUMEINDRUCK

Farbe und Ornamente verleihen Räumen Charakter und beeinflussen die Wirkung des Innenraums ganz entscheidend. Ein und dasselbe Zimmer kann dadurch eine völlig andere, ja sogar die gegensätzliche Wirkung annehmen. Die folgende Tabelle gibt einen Überblick über Gestaltungsprinzipien und deren Wirkungen.

RAUMPROPORTIONEN BEEINFLUSSEN MIT FARBE UND ORNAMENTIK

Maßnahme	**Wirkung**
Helle Farben, kleinteilige Muster	Raum wirkt insgesamt größer
Dunkle Farben, großteilige Muster	Raum wirkt insgesamt kleiner
Waagerechtes Muster (z. B. Querstreifen)	Raum wirkt niedriger und in der Fläche größer
Dunkle Decke	Raum wirkt niedriger
Streifen unter der Decke absetzen/freilassen	Raum wirkt niedriger
Senkrechtes Muster (z. B. Längsstreifen)	Raum wirkt höher und in der Fläche kleiner
Helle Decke	Raum wirkt höher
Durchgehendes Muster/Anstrich bis zur Decke	Raum wirkt höher
Eine farblich hervorgehobene Stirnwand mit farblich zurücktretenden Seitenwänden	Raum wirkt tiefer
Hell abgesetzte Erker und Gauben	Bauteil wirkt größer, reflektiert mehr Licht in den Innenraum

Bevor ein Farbkonzept erstellt wird und die Töne ausgewählt werden, muss die genaue Funktion des Raumes und das Geschmacksempfinden seiner Nutzer ermittelt werden. In Kinder- und Elternschlafzimmer kann einfach nach persönlichen Lieblingsfarben entschieden werden, ansonsten gilt es, gemeinsame Lösungen zu verabschieden. Starke Akzente sollten mit Bedacht gesetzt werden, so etwa in Gestalt einer dunkelroten Wandscheibe oder auch eines grünen Treppenaufgangs, nicht aber als durchgängige, grelle Leitfarbe. Das Gleiche gilt für dominante Ornamente, die sehr punktuell, eher wie ein Gemälde, eingesetzt werden. Wenn man allerdings nicht davor zurückscheut, in kurzen Abständen umzugestalten, darf es ruhig auch einmal eine etwas gewagtere Farb- und Mustervariante sein. Um die Wirkung einer Farbe oder eines Farbkonzepts zuverlässig beurteilen zu können, sollten mindestens ein bis zwei Quadratmeter der Wand oder Decke mit einem Probeanstrich oder einem Probemuster versehen werden. Insbesondere Silikatanstriche sollten zusätzlich zu verschiedenen Tageszeitungen und bei unterschiedlichen Lichtverhältnissen betrachtet werden.

Kräftige Farbakzente heben Bauteile mit skulpturalem Charakter wie diese in kräftigem Rot abgesetzte Wandscheibe an einer Treppe hervor und werten auch untergeordnete Bereiche gestalterisch auf (Planung: Walbrunn Grotz Architekten).

Die Farbe Weiß stellt aufgrund ihres neutralen Charakters fast immer eine gute Wahl dar und eignet sich wegen der von ihr ausgehenden ruhigen Wirkung für Schlafräume und Bäder, aber ebenso als Leitfarbe für gemeinsame Wohnräume – zumal als Hintergrund und »Leinwand« für natürliches wie auch künstliches Licht. In einem Haus zum Wohlfühlen ist grundsätzlich Vorsicht vor dezidiert kalten und dunklen Tönen wie dunklem Blau und Violett geboten, nicht zu intensives Rot, Orange und warmes Gelb können hingegen eine freundliche, warme und belebende Stimmung erzeugen und unterstützen. Gerade in Kinderzimmern gehören warme Töne zu den Favoriten. Insbesondere abgetönte, nicht zu grelle Farben bilden dort ein sowohl belebendes als auch entspannendes Ambiente.

Grundsätzlich gilt, dass jeweils die persönlichen Lieblingsfarben die erste Wahl sein sollten – bei Klein wie auch Groß. Die Eltern sollten dann zusammen mit den Kindern Abtönungen des farblichen Favoriten aussuchen beziehungsweise abmischen, die dauerhaft gute Laune machen.

KREATIVE FARBKOMPOSITIONEN

Als Grundlage für die kreative Wandgestaltung fungiert zumeist entweder ein Putzuntergrund oder eine Vliestapete. Heute werden rein mineralische Putze angeboten, die ganz einfach mit der Rolle aufgetragen werden können (zum Beispiel www.knauf.de). Zusätzlich eingefärbt, kann man gleich zwei Arbeitsgänge miteinander erledigen. Schon Farbe allein bietet bei näherer Beschäftigung mit dem Thema eine Vielzahl an ornamentalen Möglichkeiten, für die man sich am besten Anregungen in der Natur sucht. Betrachten Sie einmal die Farbpalette Ihres Apfelbaums – Hell-Grün, Dunkelgrün, Grau-Braun und Weiß-Rosa für die Blüten. Daraus lässt sich doch schon einmal ein perfektes Farbkonzept für das Schlafzimmer kreieren – zum Beispiel mit grau-braun-dunkelgrünem Blockstreifenmuster an der Wand, waagerechtem hell rosa Querbalken unter der Decke und cremeweißer Decke. Eine solche Komposition ist ungewöhnlich und spannend, strahlt zugleich aber auch die für das Schlafzimmer passende Ruhe aus. Wer solche aus der Natur abgeschauten Farbkompositionen umsetzen möchte, braucht dazu unbedingt auch natürlich wirkende Farben, bevorzugt Silikatfarben oder Kalkcaseinfarben. Aufgrund ihrer unterschiedlichen Witterungsbeständigkeit sind für den Außenbereich andere Farbtypen zu verwenden als für den Innenbereich, die zumeist auch preislich differieren. Für die Raumgestaltung genügen reine Innenwandfarben vollkommen. Aus gesundheitlichen Gründen sollten unter keinen Umständen lösemittelhaltige Farben verwendet werden. Bei Dispersionsfarben auf Wasserbasis muss ebenfalls auf die Unbedenklichkeit hinsichtlich der Wohngesundheit geachtet werden. Von Farben mit Fungiziden oder ähnlichen bedenklichen Zusätzen ist dringend abzuraten, da Schadstoffe auch nach der Trocknung noch ausgasen können. Entsprechende Untersuchungen finden sich etwa in der Zeitschrift Öko-Test oder auf der entsprechenden Webside (www.oekotest.de).
Qualitativ hochwertige Farben trocknen schnell und

decken sehr gut, bei vorhandenem Anstrich reicht zumeist ein einziger Neuanstrich. Eine Ausnahme bilden dabei stark saugende Untergründe wie etwa Gipsfaserplatten, die in den meisten Fällen einen zweiten Anstrich benötigen. Zudem besitzen Qualitätsprodukte eine hervorragende Haltbarkeit und Dauerhaftigkeit, was sie als Untergrund für weitergehende Gestaltungsmöglichkeiten prädestiniert. Spezielle Innenraumfarben eignen sich für Wisch-, Rakel- und Lasurtechniken, die der Farbe jeweils eine besondere Oberflächenstruktur hinzufügen. Die großflächige Verwendung von – oft bei kreativer Wandgestaltung eingesetzten – Lacken oder gar Metallic-Lacken sollte vermieden werden, um den Austausch der Luftfeuchtigkeit und damit das Raumklima nicht nachhaltig zu beeinträchtigen.

Diese Schemadarstellung zeigt, wie Raumproportionen durch Farbe und Ornamente beeinflusst werden können. Von links oben nach rechts unten: Eine farbig kräftig abgesetzte Stirnwand lässt den Raum tiefer erscheinen. Abgesetzte waagerechte Bordüren lassen die Raumhöhen im Eindruck schrumpfen. Kleinteilige Ornamente machen einen Raum größer, großteilige kleiner. Dunkle Decken sind nur etwas für sehr hohe Räume, die etwas »nach unten geholt« werden sollen. Ein bis zur Decke reichender Anstrich lässt ein Zimmer größer wirken. Senkrechte Steifen und Muster »strecken«, waagerechte »stauchen«.

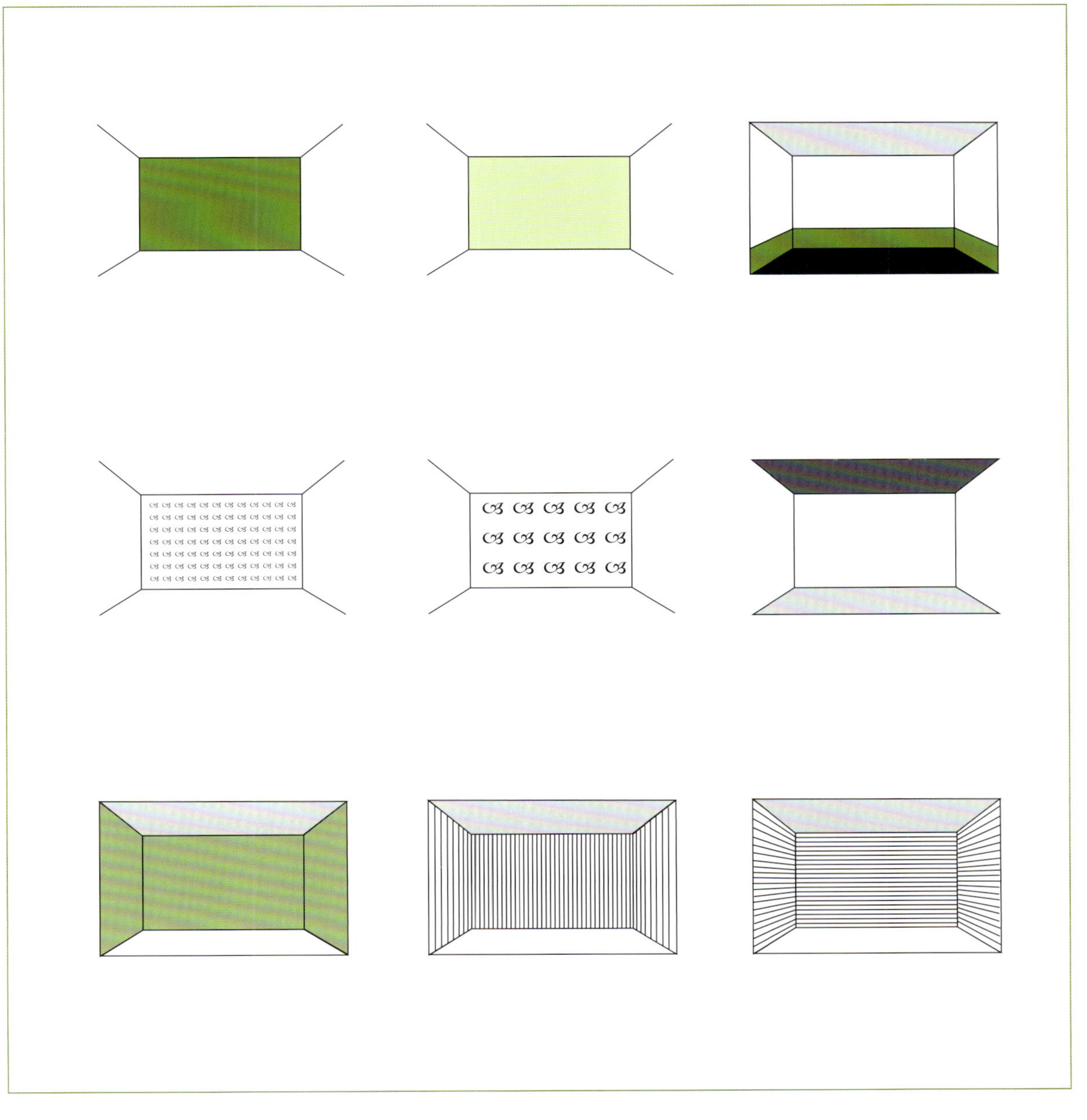

Beim Schablonieren werden Ornamente mittels – am besten selbst entworfenen oder durchgepausten – Schablonen aus Holz oder fester Pappe direkt auf die Wand oder auf eine bevorzugt neutrale, nicht zu glatte Tapete aufgetragen. Als Motive eignen sich je nach Raum und Vorlieben Blätter, Blüten, Symbole, Tiere, Kinderspielzeug und vieles mehr. Entweder kann eine Wandpartie frei schabloniert oder etwa nur eine Bordüre in dieser Technik gestaltet werden. Eine vereinfachte Version des Schablonierens ist das Aufdrucken von Motiven. Im alt bekannten Kartoffeldruck-Verfahren oder auch mit alternativen Drucktechniken (etwa mit Holzmodeln) können in Küche und Kinderzimmer sehr charmante Ornamentflächen entstehen. Für das Schablonieren wie auch den Wandddruck eignen sich ganz normale Wandfarben, insbesondere die bereits oben erwähnten Silikat- und Kalkcaseinfarben.

Sollen mit Farbe gewagtere Ornamente geschaffen werden, nimmt man sich am besten vorher ein bei allen Familienmitgliedern beliebtes Gestaltungsthema vor, beispielsweise »die 60er/70er Jahre«. Bekannt für ihre ungewöhnlichen, teils psychedelisch anmutenden Ornamente, finden sich für diese wieder sehr aktuelle Wohn- und Kunstepoche reiche Anregungen zum Nachmachen in Zeitschriften und Büchern der Zeit, ansonsten gibt es Vorlagen- und andere Fachbücher zum Thema (siehe dazu das Literaturverzeichnis im Anhang). Bevorzugte Farben der Zeit waren Orange, Hellgrün, Zitronengelb, Hellblau und Dunkelbraun, von denen sich einige zu einem kreativen Mix vereinen lassen. Das nicht totzukriegende Paisley-Muster feiert ebenfalls in regelmäßigen Abständen seine Wiederauferstehung. Soweit die Ornamentik kleinformatig ausfällt, eignet sie sich auch für größere Wandbereiche.

Links und rechte Seite oben: Die magentafarbene Schrankwand mit Oberflächen aus Schichtstoff im oberen Bild lässt den Raum ebenso tiefer wirken wie der in Yves-Klein-Blau abgesetzte Wandstreifen beim unten zu sehenden Treppenbereich (Planung: oben rolf + hotz/Matthias Hotz, unten Thomas Metzler).

Rechte Seite unten: Mutige Farbtöne wie in diesem Fall ein hellgrünes Bad kommen am besten zur Geltung, wenn sie nur in kleinen Bereichen eingesetzt werden und mit weißen oder sehr hellen Flächen korrespondieren. Die Mosaikfliesen bringen zusätzlich eine interessante Struktur ein (Planung: rolf + hotz/Matthias Hotz).

KREATIVE WANDGESTALTUNG MIT TAPETEN, TEXTILIEN UND HOLZVERKLEIDUNGEN

Langeweile braucht im Haus bei etwas Fantasie gar nicht erst aufzukommen, wenn man sich etwa ausführlichere Gedanken über die Vielfalt der Gestaltungsmöglichkeiten macht – auch dann nicht, wenn man wenig Zeit hat, selbst ausgiebig kreativ zu werden. Die Zeiten der langweiligen Einheitstapeten sind vorbei, denn mittlerweile werden eine Reihe von Produkten angeboten, die tatsächlich auch Menschen mit Anspruch zufrieden stellen. Dazu zählen Tapeten mit plissierten Oberflächen, die alten Manufakturtechniken nachempfunden

Unten und rechte Seite: Wandverkleidungen aus Holz bringen Struktur, Farbe und eine alternative Oberflächenqualität ins Spiel. Sie bieten sich insbesondere als dauerhafte Lösung für viel frequentierte und berührte Bereiche wie Diele, Flure, Treppen und Kinderzimmer an. Mit Holzfarben kann darauf auch schabloniert oder frei gemalt werden (Osmo).

sind, Dessins mit »optisch täuschenden« Prismeneffekten und modernen Mustern in allen Variationen. Auch Tapeten im Retro-Stil der 60er/70er Jahre werden angeboten.

Holzverkleidungen sind eine weitere interessante Möglichkeit, die Wandgestaltung aufzulockern und mit einer außergewöhnlichen Note zu versehen. Am besten passen sie im Flur, im Treppenbereich sowie am Essplatz. Vom Boden ab wird die Verkleidung am besten bis zu einer Höhe von 1,20 bis 1,50 Meter auf einer Lattungs-Unterkonstruktion montiert und mit senkrechter Verbretterung, meist in Nut-Feder-Konstruktion, hergestellt. Anschließend kann mit der Holzfarbe der Wahl deckend gestrichen oder auch lasiert werden. Es ist hierbei zu berücksichtigen, dass die Verkleidung nicht an kalten Außenwänden angebracht wird, um etwaigen Feuchte- und Schimmelbefall zu vermeiden. Bei guter Außenwanddämmung und gleichzeitig hoch diffusionsoffenen Baustoffen ist es hingegen ohne Probleme möglich. Im Dachbereich können die gesamten Innenwand- beziehungsweise Dachflächen (auf Lattung/Konterlattung) holzverschalt werden. Ein farbenfroher Anstrich bietet sich insbesondere bei Kinderzimmern und Spielräumen an, im Schlafzimmer sind Weiß oder zurückhaltende Farben wie Grau oder Taubenblau die besseren Alternativen.

Mit aktuell angebotenen Tapeten lassen sich auch sehr raffinierte Muster und Oberflächenstrukturen schaffen – von abstrahierten Naturornamenten über optisch täuschende Tapeten à la Vasarely bis hin zu bunten Farbexplosionen im Stil der späten Sixties und Seventies (linke Seite oben rechts). Vliestapeten mit deutlich hervorgehobener Struktur sind wirkungsvolle Blickfänge und lassen sich bei Bedarf überstreichen und gestalten (linke Seite oben und unten links, rechte Seite oben). So genannte plissierte Tapeten wirken mit ihrer teils papyrusartigen Anmutung besonders kostbar (linke Seite unten rechts und rechte Seite unten, alle www.marburg.com).

Linke Seite und rechts: Warme Farbakzente wie tiefes Rot und Orange sind prädestiniert für die punktuelle Gestaltung von Wandscheiben oder auch Sonderbauteilen wie Kaminen. Im Klavierzimmer wirkt tiefes Rot anregend und inspirierend (Planung: linke Seite Walbrunn Grotz Architekten, oben Frank Ahlbrecht).

Unten: Antike oder auch neue Kelim-Teppiche bester Qualität wirken stets hochwertig und natürlich. Aufgrund ihrer zurückhaltenden Farbgebung lassen sie sich mit unterschiedlichsten Belagsmaterialien kombinieren – hier glasierte Tonplatten.

STIMMUNG ERZEUGEN MIT WOHNTEXTILIEN

Hier soll nicht dem vom überengagierten Innenarchitekten zu Tode geplüschten Interieur das Wort geredet werden – im Gegenteil, denn eine grundlegende Klarheit und Schlichtheit ist die Voraussetzung dafür, dass hochwertige Wohntextilien ihre Wirkung entfalten können. Gerade Räume mit Entspannungs-, Kommunikations- oder Rückzugscharakter bedürfen einer angenehmen, warmen Atmosphäre, die mit geeigneten Teppichen, Vorhängen und Kissen perfekt unterstrichen werden kann. Auch hier gilt, sich nicht einfach spontan und punktuell von Angeboten verleiten zu lassen, sondern nur die zum Gesamtdesign passenden Asseccoires zu ergänzen.

Soweit sich im betreffenden Raum nicht schon ein Teppichboden befindet, ist hochwertige Auslegeware gut geeignet, den Wohn- oder Schlafbereich abzugrenzen. In Frage kommen dabei primär Produkte aus bester Schurwolle, die durchaus auch flauschigen Charakter haben dürfen, dafür aber gerade bei größeren Abmessungen von 2x3 Metern oder mehr farblich dezent sein sollten. In Cremeweiß, Grau oder Dunkelbraun mit ruhigen Mustern gehalten, bekommt der Raum eine ruhige Grundlage, die gleichsam den perfekten Untergrund für die weitere farbliche Gestaltung liefert. Ebenso sollten Vorhänge und Schals in Farbe und Dessin zurückhaltend sein, wichtiger ist ihre Wertigkeit. Am besten aus pflegeleichter, fester Baumwolle bestehend, sollten sie im gemeinsamen Wohnraum bevorzugt weiß, im Schlafzimmer gerne auch einmal dunkelrot sein. Die Lichtdurchlässigkeit nimmt bei dunkleren Farben und schweren Stoffen ab. Dieser Aspekt ist insbesondre wichtig für Schlafräume ohne außen liegende Verdunkelungsmöglichkeit.

Gegenüber den dauerhaften textilen Elementen wie Teppichen und Vorhängen kommt leicht austauschbaren Asseccoires wie Kissen oder Decken die Aufgabe zu, im Kontext des Gesamtdesigns farbliche Akzente zu setzen.

Alle Wohntextilien sollten neben ihrer hohen Qualität auch schadstoffgeprüft sein, hierbei ist ein kbA-Siegel für kontrolliert biologische Erzeugung beziehungsweise Verarbeitung am besten. Das ist bei der Kinderzimmer-Ausstattung von besonderer Wichtigkeit.

DAS NEUE GARTENERLEBNIS

Dieses Architektenhaus ist perfekt in einen naturhaften Obst- und Skulpturengarten eingebettet (Planung: Thomas Ott).

Die Beschäftigung mit Pflanzen wirkt ungemein beruhigend und zugleich inspirierend. Das werden alle bestätigen, denen der Garten zur Leidenschaft geworden ist – darunter nicht wenige Trendsetter wie »Familie Sting« und Jamie Oliver. Aber es braucht zum Gartenerlebnis keinen englischen Landsitz und kein provençalisches Maß mit 5000 Quadratmetern. Selbst in einem kleinen Garten kann ein kreatives Eck entstehen. Wichtig ist, von vorne herein nicht zuviel zu wollen, sondern sich seinem Garten anzuvertrauen und mit ihm zu wachsen. Und: Ein Garten braucht Zeit. Es verbietet sich also, im Endspurt des Baustresses schnell einige Pflanzen zu besorgen und diese irgendwie einzupflanzen. Da ist es schon besser, es für die erste Zeit bei der Rasenansaat bewenden zu lassen, was zumeist aus finanziellen Gründen ohnehin nahe liegend ist, und dann die Grünplanung in Ruhe anzugehen. Vorab ist Laien die Lektüre guter Fachbücher zu empfehlen, um sich die Grundlagen der Gartenpraxis anzueignen (siehe dazu die Literaturhinweise im Anhang). Im Folgenden werden die wichtigsten Aspekte des Gartendaseins behandelt.

BODENQUALITÄT UND PFLANZENSCHÄTZE BEWAHREN

Selbst wenn Rasen als Einstieg geeignet ist, braucht er bei aller Anspruchslosigkeit einen geeigneten Boden. Schon bei Beginn der Arbeiten und bei der Baustelleneinrichtung muss sorgfältig darauf geachtet werden, dass der Boden nicht zu sehr verdichtet wird. Das ist bei leichten, kiesigen oder sandigen Böden weniger gravierend, wirkt sich aber auf schweren, lehmigen beziehungsweise tonhaltigen Böden sehr negativ aus, denn bei starker Verdichtung können die Durchlüftung, die Durchwurzelbarkeit und der Wasserabzug stark beeinträchtigt sein. Die Baumscheiben vorhandener Bäume und die Stämme müssen frühzeitig durch Bretter und feste Matten abgedeckt werden, denn gerade für einen Neubau sind alte Bäume ein wahrer Schatz, der Schatten, frische Luft und Atmosphäre spendet. Den Kindern dienen sie als Freunde zum Klettern, vielleicht sogar als Standort für ein Baumhaus, und ihre Blüten und Früchte erfreuen das Auge.

MIT DEM EINFACHSTEN BEGINNEN: RASENANLAGE UND PFLEGE

Die Anlage des Rasens ist der erste Schritt zu einem grünen Umfeld und schließt den Bauprozess gleichsam optisch ab. Sobald der Winter vorbei ist – am besten ab Mai – kann die Rasenfläche angelegt werden. Wenn die endgültige Planie des Geländes und der (nach Möglichkeit über 1 Meter starken) Humusschicht erfolgt ist, kann mit der Vorbereitung begonnen werden. Dazu muss der Boden feinkrümelig und nährstoffreich sein. Zur Verbesserung dient die Zugabe von Rindenkultursubstrat, wobei hier etwa fünf Liter Substrat pro Quadratmeter eingebracht werden sollten. Eine zusätzliche Vordüngung mit rein organischem Volldünger (auf Basis von Hornspänen oder Guano) ist zu empfehlen. Ist der Boden sehr schwer beziehungsweise lehmig, sollte zur Verbesserung der Durchlüftung, der Durchwurzelung und der Wasserdurchlässigkeit ausreichend Quarzsand mittlerer Körnung zugegeben werden. Beim Bearbeiten mit der Motor-

Moderne Wohnarchitektur entfaltet seine Wirkung insbesondere in einem sehr naturhaften Umfeld wie hier zwischen alten Apfelbäumen (Planung: PPAG Architektur).

hacke oder Fräse, die nur bei trockener Witterung erfolgen sollte, werden alle Zusatzstoffe untergearbeitet. Die Feinplanie mit Holzrechen modelliert die Bodenoberfläche so, wie sie endgültig aussehen sollte.

Entscheidend für den Erfolg ist die Qualität der Sämereien, die nun mal eher bei Markenprodukten gewährleistet ist. Kaufen Sie Samen ohne Zusatzstoffe, da diese bei guter Bodenvorbereitung völlig unnötig sind. Ein guter Streuwagen ist am besten geeignet, den Samen gleichmäßig auf der Fläche zu verteilen. Anschließend wird der Garten mittels einer Handwalze bearbeitet, damit die Saat direkten Kontakt mit dem Boden hat, nicht abgeschwemmt wird und gut einwurzelt. Am Ende muss mit feinem Strahl ausgiebig gegossen werden – und zwar bei trockener Witterung zumindest einmal pro Tag, bei großer Hitze zweimal. In wenigen Wochen ist der Samen aufgegangen, nach etwa zwei Monaten kann das erste Mal gemäht werden.

Eine schnellere, allerdings auch deutlich teurere Möglichkeit zum eigenen Grün ist die Verlegung von Rollrasen. Die Vorbereitung des Bodens ist nahezu die gleiche, wobei nach Abschluss der Feinplanie einfach die Bahnen ausgerollt, angestückt und am Ende festgewalzt werden. Die Fläche kann sofort betreten werden. Meist kann der Rollrasen direkt beim Produzenten bestellt werden, teils wird auch die Ausführung mit angeboten. Ansonsten übernehmen dies Garten- und Landschaftsbau-Betriebe.

DAS EINMALEINS DES NACHLÄSSIGEN GÄRTNERNS

Da der Garten für die meisten Menschen nicht mehr oder zumindest nicht mehr primär der Erzeugung von Nutzpflanzen dient, steht der Erlebnis- und Erholungsaspekt an erster Stelle. Insofern ist hier ein gewisses Laissez-faire-Denken durchaus angebracht: Der Garten soll Freude bereiten – und dies mit möglichst wenig Aufwand. Im Folgenden seien einige Tipps und Tricks verraten, wie dies auch ohne große Anstrengung und Vorkenntnisse bestens gelingen kann.

Zunächst sollte selbst bei passionierten Gartenfreunden die Devise lauten: Weniger Beetfläche ist Mehr. Insbesondere auf großem Grund neigt etwa mancher Rosenliebhaber dazu, immer noch mehr Grund unter den Spaten zu nehmen, um die neuen Schätze und Erwerbungen unterzubringen. Aber bestimmte Pflanzen – Rosen gehören in jedem Fall dazu – bedürfen auch einer intensiven Zuwendung, was eine frühzeitige Begrenzung der Kulturfläche notwendig macht. Mit 30 Quadratmeter Beetfläche sollten es auch sehr engagierte Gärtner gut sein lassen, für weniger Begabte oder Interessierte genügen unter 10 Quadratmeter. Damit die Beete bei der Pflege möglichst wenig Arbeit machen, sollten sie gleich am Anfang mit Begrenzungsstreifen – etwa auch frostharten Ziegelsteinen, Granitsteinen oder Edelstrahl-Streifen – versehen werden, die das Ineinanderwachsen von Beet und Rasen dauerhaft verhindern. Die Entwicklung unerwünschter Kräuter wird am besten durch das Aufbringen einer ausreichend dicken Schicht Rindenmulch (etwa fünf bis zehn Zentimeter) verhindert, die im Normalfall alle ein bis zwei Jahre erneuert wird. Diese hält gleichzeitig die Feuchtigkeit in der Erde, verhindert das Austrocknen und macht damit häufiges Gießen überflüssig. Die gleichen Effekte hat es, den alljährlich anfallenden Schnitt von Stauden und auch Gehölzen gleich an Ort und Stelle ins Beet zu schnippeln, anstatt ihn mühsam abzufahren, zu kompostieren und dann Monate später wieder aufzubringen. Auch Blätter dürfen einfach liegen bleiben und das Bodenleben fördern.
So spart man nicht nur diverse Arbeitsgänge ein, sondern wird auch durch wundervolles Pflanzenwachstum und prächtige Blüten belohnt – ganz ohne jeglichen Einsatz von Dünger und Finanzmitteln. Probieren Sie es aus! Eine Ausnahme für das Liegenlassen gilt nur bei bestimmten Blättern mit hohem Gerbsäureanteil (insbesondere Eichen) und natürlich für Blätter und Triebe erkrankter Pflanzen. Diese sind stets sofort zu entfernen und mit dem Restmüll zu entsorgen, damit keine Weiterübertragung der Krankheiten erfolgt.

Einen weiteren wichtigen Baustein beim Einmaleins der Arbeitsvermeidung stellt die Auswahl von Pflanzen mit geringem Pflege- und Arbeitsbedarf dar. Dazu zählen etwa alle Gehölze mit attraktiven Kennzeichen und Blüten, die fürs optimale Wachstum kaum Schnitt und Düngung brauchen und auf nahezu jedem Boden gedeihen. Eine kleine Auswahl ist in der folgenden Tabelle aufgeführt:

DIE BESTEN GEHÖLZE FÜR DEN PFLEGELEICHTEN GARTEN

Pflanze	**Blüten**	**Kennzeichen**
Kornelkirsche	gelb (März)	attraktive Rinde, roter Beerenschmuck
Gemeiner Schneeball	weiß (Juni)	roter Beerenschmuck
Wolliger Schneeball	weiß (Mai–Juni)	roter, später schwarzer Beerenschmuck
Tatarische Heckenkirsche	rosa-weiß (Juni)	roter Beerenschmuck
Weißdorn	weiß (Mai–Juni)	roter Beerenschmuck
Gewöhnlicher Flieder	weiß, blau, lila, rosa (Mai)	attraktives Blatt, intensiver Geruch

Oben: Bambus eignet sich besonders für asiatisch beeinflusste Gärten mit kontemplativem Charakter, insbesondere im Zusammenspiel mit Wasserbecken und Wasserläufen.

Rechte Seite: So schön kann ein pflegeleichter Garten sein: Eine nur zweimal im Jahr gemähte Blütenwiese mit inselartigem Sitzplatz zwischen Obstbäumen.

GÜNSTIGE BLÜTENPRACHT – FAST OHNE AUFWAND

Nicht jedes Nachbarn Freude, aber eine tolle Möglichkeit, ein Stück Naturlandschaft auf der eigenen Parzelle zu schaffen und wenig Arbeit zu haben: die Ansaat einer Wiesenblütenmischung. Ist die Saat aufgegangen und die Fläche nach einigen Monaten ausreichend begehbar, braucht und soll sie fortan nur zwei- bis dreimal im Jahr gemäht werden. Wer mag, kann Kreise um Obstbäume, Inseln oder auch größere Flächen gestalten, die dann mit organisch ausgemähten Wegen durchzogen sind. Die Gräser und Blumen erfreuen das Auge und können teils sogar als Vasenschmuck Verwendung finden. Bei der Auswahl der Samenmischung sollte auf Qualität und Frische des Saatguts sowie auf Verträglichkeit mit dem Boden im eigenen Garten geachtet werden. Insbesondere Pflanzen mit spezifischen Nährstoffansprüchen (zum Beispiel Trockenrasenpflanzen auf sehr lehmigem Standort) wird am falschen Platz kein langes Leben beschieden sein. Die Anlage einer Wiese erfolgt im Grunde ebenso wie die eines normalen Rasens, wobei jedoch besser nicht gedüngt wird. Empfehlenswerte, robuste und großenteils ausdauernde oder sich versamende Wiesenblumen ohne spezifische Standortansprüche sind etwa Ringelblume (Blüten orange bis gelb), Wiesenstorchschnabel (hellblau), Wiesensalbei (violettblau), Wiesenmargerite (weiß), Johanniskraut (gelb) und Klatschmohn (orangerot), die es teils als Saatgut, teils auch als Pflanzen in der Staudengärtnerei zu kaufen gibt. Mit der Zeit wird sich zeigen, welche Arten überdauern und ob neue hinzugesellt werden sollen.

MIT KLEINEM GARTEN GROSS HERAUSKOMMEN

In aller Regel besitzen Gärten neu errichteter Häuser kein riesiges Grundstück, das man großzügig gestalten kann, ohne sich Gedanken um die sinnvolle Einteilung und die Auswahl der besten Pflanzen zu machen. Daher muss gut überlegt sein, wo Terrasse, Hausbaum, Beete und eventuelle Wasserstellen platziert werden und vor allen Dingen, welche Pflanzen mit welchem Platzbedarf überhaupt geeignet sind. Während dies bei Stauden aufgrund ihrer ohnehin geringeren Größe kaum eine Rolle spielt, kann ein falsch ausgewählter Baum durchaus schnell zum Platzproblem werden.

DIE SCHÖNSTEN KOMPAKTEN GEHÖLZE FÜR DEN HAUSGARTEN

Name der Pflanze	Blüte	Kennzeichen/Eignung
Kugelahorn	gelb-grün (Mai)	kugelförmige Krone, sehr guter Baum zur Betonung von Wegen, Plätzen, Eingangsbereich
Rotdorn	karminrot (Juni)	sehr gut als kleiner Hausbaum
Beetrosen, kleine Strauch-rosen/Englische Rosen	weiß, rosa, rot, karmin, gelb, orange (öfterblühend)	kaum über 1–1,5 Meter hoch, perfekt zu Stauden
Zierliche Deutzie	weiß (Mai–Juni)	nur 1–1,5 Meter hoch, robust
Perovskie	violettblau (August–September)	bis etwa 1 Meter hoch
Bartblume	dunkel violettblau (August–Oktober)	bis etwa 1 Meter hoch

DER KLEINE RATGEBER ZUM ANLEGEN VON PFLASTER- UND KIESFLÄCHEN

Pflasterarbeiten erfordern – insbesondere bei größeren Flächen – einen hohen Arbeitsaufwand, der Materialpreis bewegt sich allein für den Belag bei kaum unter 40 Euro je Quadratmeter. Daher ist es nahe liegend, sich hier mit dem Gedanken an Eigenleistung zu befassen. Wenn auch die Anlage großer Pflasterflächen mit komplizierten Mustern und vielen Niveauunterschieden besser dem Fachmann überlassen bleibt, kann man doch zumindest kleine Bereiche oder Randstreifen von Beeten selbst verlegen, wenn man sich mit der Grundtechnik vertraut gemacht hat. Dafür gilt es zunächst, einen gut tragfähigen Unterbau herzustellen, der dafür sorgt, dass die Pflasterflächen nicht hinterher absacken oder ungleichmäßig werden. Zunächst muss die zu pflasternde Fläche bis zu einer Tiefe von etwa 80 Zentimetern ausgekoffert werden, wobei zu den Seiten jeweils etwa 50 Zentimeter zugegeben werden sollte, um dort noch Platz für eine sachgemäße Randbefestigung zu haben. Als unterste Schicht, die so genannte Tragschicht, wird (als Frostschutzschicht) eine 50–70 Zentimeter starke Lage Kies eingefüllt, die abschließend verdichtet werden muss. Steht kein Rüttler zur Verfügung, kann dies auf kleinen Flächen auch von Hand mit geeigneten Stösseln geschehen. Darauf wird eine 4–10 Zentimeter starke Bettungsschicht aus Pflastersplitt oder auch grobkörnigem Quarzsand aufgebracht, die dann je nach beabsichtigtem Niveau planiert werden muss. Zum Abziehen eignet sich eine Leiste aus Aluminium. Die Planie muss von Zeit zu Zeit nachgeprüft und nachgearbeitet werden. Die Höhen müssen abgemessen und mit Schlageisen und gespannten Schnüren markiert werden. Als Belagsmaterial eignen sich frostharte Backsteine und Klinker, Natursteine und Betonplatten. Der Untergrund und die Fugen sollten stets

Linke Seite: Aufgekieste Bereiche wirken sehr natürlich. Um ihn wetterfest zu machen, bedarf es auf nicht befahrenen Flächen eines ausreichend tiefen, verfestigten Unterbaus aus Grobkies.

Rechts: Naturnahe Bereiche wie hier mit Farnen und anderen Blattpflanzen werden mit Treppenstufen, Trittplatten und Findlingen aus Naturstein perfekt in Szene gesetzt. Die Kalksteinmauer mit offenen Fugen und Bewuchs bildet einen besonders natürlichen Hintergrund.

wasserdurchlässig und versickerungsfähig sein. Die Fugenbreite richtet sich nach dem verwendeten Stein und dessen Größe. Bei Mosaikpflaster sollten die Fugen nicht breiter als 2–4 Millimeter sein, bei Großsteinpflaster sind bis zu 7 Millimeter möglich. Betonplatten großer Formate werden stets sehr eng, teils Platte an Platte, verlegt. Verfugt wird am besten mit Quarzsand feinster Körnung. Abschließend wird eingekehrt, gewässert und am Ende nochmals nachgesandet und nachgekehrt. Ist der Belag schon ausreichend mit dem Pflasterer- oder Gummihammer (bei Betonsteinen) stabilisiert worden, ist auf nicht befahrenen Flächen am Ende kein Abrütteln mehr nötig.
Die Randbefestigung von Pflasterflächen sollte durch großformatige Pflastersteine erfolgen, die senkrecht gestellt werden können. Ein Betonkeil sorgt für ausreichende Stabilität. Versierte Hobby-Pflasterer können auf den Betonkeil auch verzichten, wenn der Randbereich nicht stark belastet wird.
Kleinere Lösungen können mit deutlich weniger Arbeitsaufwand bewältigt werden. Sollen etwa zwischen Haus und Carport nur Trittplatten im Rasen verlegt werden, genügt es, den Soden jeweils auf allen Seiten circa 10 Zentimeter größer als die ausgewählte Platte auszustechen und den Humus bis zu einer Tiefe von 15 Zentimetern auszuheben. Dafür wird dann Quarzsand mittlerer Körnung eingefüllt, die Platte darauf verlegt und der Randbereich mit einer Mischung aus zwei Teilen Quarzsand und einem Teil Humus verfüllt, um abschließend neu anzusähen und anzugießen. Hierfür eignen sich vor allem gebrochene, 3–4 Zentimeter starke Platten aus Naturstein, beispielsweise Porphyr.

Oben: Natursteine, in diesem Fall als rotes Granitpflaster, werden durch unterschiedliche Steingrößen und Verlegetechniken zu Blickfängen im Garten. Kreisrunde Pflasterflächen eigenen sich insbesondere für Sitzplätze (Ausführung: Baumschulen Heim).

Carports schaffen einen Sicht- und Lärmschutz zwischen dem öffentlichen und privaten Raum (Planung: atelier-f/Kurt Hauenstein).

Auch Vorgärten und Zugangsbereiche können einfallsreich gestaltet werden und sich so durchaus auch für den gemeinsamen Aufenthalt eignen. Der Zugangsweg führt zwischen der dachbegrünten Garage, die eine Art Hofsituation schafft und dem Stein- und Gräsergarten zum Hauseingang. Der Sitzbereich ist durch Granitblöcke von der Zufahrtsstraße abgegrenzt (Planung: Walbrunn Grotz Architekten/Firma Huber).

VOM CARPORT BIS ZUM TONNENHÄUSCHEN: NEBENGEBÄUDE UND VORGARTEN

Unbeheizte Nebengebäude wie Garagen, Fahrrad- und Geräteschuppen und Carports lassen sich sehr kostengünstig erstellen, da sie ohne aufwändige Ausbaumaßnahmen, technische Installationen und Wärmedämmung auskommen. Es empfiehlt sich, diese zur Straße hin zu orientieren, um Kosten und wertvollen Grund für Zufahrtswege einzusparen und gleichzeitig einen Schallschutzpuffer und eine visuelle Abgrenzung zum öffentlichen Raum zu erreichen. Die Konstruktion eines Carports oder Geräteschuppens besteht zunächst aus Stahlschuhen in betonierten Punktfundamenten, Stützen und Riegeln (9 x 9 Zentimeter genügen) sowie Balken für das Pultdach. Werden mehrere Kleingebäude errichtet, sollten sie sich in der Bauform und in den verwendeten Materialien entsprechen. Eine Holzverschalung mit Brettern ist die gängigste Fassadengestaltung, die bei Nebengebäuden in der Regel gleichzeitig als Witterungsschutz dient. Dämmebenen, Baupappen und Ähnliches ist im Normalfall nicht notwendig, Als Dachdeckung kommt zunächst die unschlagbar günstige, schnell aufgebrachte und ausreichend dauerhafte, jedoch nicht sehr attraktive Lösungen Wellpolyester in Frage, die Licht durchscheinen lässt. Wellplatten oder Trapezbleche aus Aluminium sind ebenfalls noch erschwinglich und sehr langlebig. Dabei muss für eine geeignete Wasserableitung gesorgt werden – am besten und kostengünstigsten durch Versickerung auf dem eigenen Grundstück oder durch teilweises Auffangen in einer Regentonne. Die Beleuchtung der Nebengebäude kann durch photovoltaikbetriebene Systeme erfolgen.

Eine wenn auch flächenmäßig geringe Bepflanzung trägt dazu bei, den Übergang zwischen Eingangsbereich, Haus und Garten harmonisch zu gestalten und zu einem Ganzen zusammenzufügen. Dazu dienen auch an Hauswand, Carport oder Schuppen angebrachte Klettergerüste, an denen bei guter Sonneneinstrahlung auch großblumige Clematissorten gedeihen. Pflanzt man drei oder vier Stück mit unterschiedlichen Blütezeiten, ergibt sich viele Monate hindurch ein wunderschön blühender Außenwand-Behang. Wichtig ist hierbei, dass Clematis beschattetes Erdreich brauchen. Dafür sorgen Stauden wie der Frauenmantel (Blütenfarbe gelb-grün) und die Funkie (violettblau, weiß), die im idealen Fall passend zur Blütenfarbe und Blütezeit der gewählten Kletterpflanzen ausgewählt werden. Kletterrosen sind, soweit sie nicht auf der Nordseite gepflanzt werden, ebenfalls eine wichtige Bereicherung für Wände und Zäune und übrigens auch der perfekte Partner für Clematis – sogar in der Vase.

ZÄUNE, MAUERN UND HECKEN

Zäune können, auch wenn sie meist nur der Abgrenzung dienen, eine gestalterische Ergänzung der Architektur sein. Das funktioniert am besten, wenn man sich mit dem Planer abstimmt. Teils existieren baubehördliche Verfügungen über Einfriedungen, die im Vorfeld genau abgefragt werden müssen. Gibt es hier keine Einschränkungen, sind einfache Holzzäune die erste Wahl. Meist als Staketenzäune ausgeführt, sollten die einzelnen Latten nah genug aneinander sitzen, um (insbesondere bei Lage an einer Straße) für eine gewisse Abgrenzung zu sorgen und doch keinen hermetischen Eindruck entstehen zu lassen. Ein Staketenabstand von 1–2 Zentimeter ist dabei zu empfehlen. Der Zaun sollte insgesamt möglichst filigran und zurückhaltend gestaltet werden. Lärchenholz eignet sich bestens, denn es ist dauerhaft, bedarf unbehandelt keinerlei Pflege und passt mit seinem sich nach und nach einstellenden silbergrauen Ton sehr gut zu holzverschalten Hausfassaden. Wer es lieber farbig mag, kann für den Zaun auch Weichholz verwenden, muss es aber dann mit einem deckenden oder lasierenden, ökologisch unbedenklichen Schutzanstrich versehen und diesen alle 3–4 Jahre wiederholen. Immer noch sind Farben und Beizen im Handel, die neben gefährlichen Lösemitteln noch viele andere gesundheitsschädliche Stoffe enthalten. Unter www.oekotest.de und den Fachzeitschriften von Ökotest zum Thema Bauen/Wohnen/Garten finden sich aktuelle Untersuchungen zu diesen Produkten. Biologische Farben werden in einer breiten Palette in biologischen Baustoffmärkten, teils auch in konventionellen Baumärkten angeboten.
Um unnötige Arbeit zu vermeiden, werden die Zaunteile (Pfosten, Staketen, Querstangen unten und oben) nach genauer Vermessung bei einer Holzhandlung oder einem Baustoffmarkt in den benötigten Abmessungen bestellt. Schrauben und Befestigungsmaterial aus Edelstahl sind die beste Wahl, um Langlebigkeit zu gewährleisten.

Der Zaun zu Nachbars Wiese oder zum freien Feld braucht im Grunde nicht mit einem perfekten Zaun versehen zu werden, es reicht auch eine abgespeckte Version. Empfohlen sei hier etwa ein Holzzaun mit Pfosten, die in Einschraub- oder Einschlaghülsen fixiert werden und einfach mit quer befestigten schmalen Brettern (circa je 6–7 pro Höhenmeter) verbunden werden. Das spart beträchtlich Arbeitszeit und Materialkosten, sieht aber vor allen Dingen auch wohltuend unauffällig und naturnah aus – sozusagen die weniger rustikale Variante des grobschlächtigen Bretterzauns. Alternativ genügt bei einer solchen eher untergeordneten Grundstücksgrenze auch eine 1–2 Meter hohe Hecke. Soll es eine geschnittene Hecke mit schnell wachsenden und günstigen Pflanzen sein, greift man statt der leider allgegenwärtigen Thujen und Scheinzypressen besser auf Liguster zurück, aber auch Rotbuche, Weißbuche, Weißdorn und die – allerdings deutlich kostspieligere und langsamer wachsende – Eibe sind sehr gut geeignet. Der Pflanzabstand beträgt hier 6–7 Pflanzen pro laufendem Meter. Eine Alternative zur geschnittenen Hecke mit wenig Pflegeaufwand ist die gemischte Hecke, die am besten aus Blüten- und Wildsträuchern mit dichtem Zweigwerk und dichter Belaubung sowie mittlerer Wuchsstärke (2–4 Meter Höhe) gebildet wird. Versetzt gepflanzt, reicht hier im Grunde eine Pflanze pro laufendem Meter. Der Platzbedarf ist jedoch deutlich größer als bei der geschnittenen Hecke (in der Tiefe circa drei Meter). In Frage kommen beispielsweise die Kornelkirsche, der Weißdorn, der Gemeine Pfeifenstrauch, die Deutzie, der Gemeine Schneeball, der Wollige Schneeball, die Tatarische Heckenkirsche und die Forsythie.

Mauern sind grundsätzlich abgrenzende Elemente, aber aus Lärm- und Sichtschutzgründen manchmal notwendig. Bebauungspläne und örtliche Bausatzungen regeln allerdings die Ausführung der Umfriedungen, so auch von Mauern. Am besten werden vorgesehene Mauern schon zusammen mit dem Eingabeplan eingereicht. Trockenmauern ohne Mörtel wirken natürlich und bieten in ihren Fugen Platz für Pflanzen, ihre Erstellung braucht aber einige Fachkenntnis. Aus Bruchsteinen geformt, lässt man die beidseitig aufgeschichtete Mauer von unten nach oben konisch zulaufen, der Zwischenraum wird mit einer Mischung aus Geröll und Erde aufgefüllt. Die Alternative sind entweder vermörtelte Mauern aus frostharten Backsteinen – auch aus Wiederverwendung – oder verputztes Mauerwerk. Bei letzteren Versionen ist die Mauerkrone durch Verblechungen gegen eindringende Feuchte zu schützen.

TERRASSEN UND SITZPLÄTZE ZUM WOHLFÜHLEN

Terrassen, die auch die Funktion eines Essplatzes haben, sollten stets in unmittelbarer räumlicher Beziehung mit der Küche beziehungsweise dem Kochbereich geplant werden. Möglichst kurze und direkte Wege ohne Hindernisse und große Niveauunterschiede gehören dazu. Die Größe des Sitzplatzes hängt von der Zahl der Personen und der Gastlichkeit der Familie ab. Hat eine Familie mit Kindern im Sommer öfter einmal Freunde zu Besuch, sollte es schon mindestens für zehn Personen reichen. Dafür ist bei einem Platzbedarf von etwa einem Quadratmeter pro Stuhl plus Tisch eine Terrassenfläche von mindestens 15 Quadratmetern notwendig. Sollen Kübelpflanzen einen visuellen Übergang zum Garten schaffen und Utensilien wie der Grill untergebracht werden, ist eine befestigte Fläche von 20 Quadratmetern in jedem Fall zu empfehlen. Am besten nutzbar sind zumeist rechteckige Flächen, bei runden Tischen können auch runde Terrassen angelegt werden.

Terrassen können grundsätzlich mit einem betonierten Unterbau versehen und mit frostharten Fliesen belegt werden. Besser sind jedoch versickerungsfähige Lösungen – entweder als Holzroste oder gepflastert. Die Technik des Pflastern wurde bereits auf Seite 112–113 erläutert. Etwa den gleichen Zeit- und Arbeitsaufwand beansprucht das Verlegen einer Terrasse aus Holzdielen. Hierfür müssen zunächst an vier oder sechs Stellen in gleichmäßigem Abstand Punktfundamente gegossen werden, um die Konstruktion dauerhaft

Rechte Seite beide: Terrassen und Sitzplätze am eigenen Teich oder Wasserbecken sind besonders entspannende Aufenthaltsbereiche. Mit fußwarmen Rosten aus dauerhaftem Holz wie Lärche, Douglasie oder Akazie belegt, braucht es nicht einmal eine Bestuhlung zum Wohlfühlen (Planung: oben Gernot Vallentin, unten Deppisch Architekten).

Oben links: Sehr praktisch ist es, Essplätze im Freien nah am Haus und mit kurzen Wegen in die Küche anzulegen.

Links: Geriffelte Bretter als Terrassenbelag gewährleisten auch bei Nässe und im Winter einen festen Tritt. Große Sonnensegel sind eine gestalterisch perfekte Beschattung für Sitzplätze und sogar für die Wohnräume (Planung: oben links Walter Felder, Michael Becker und Rolf Ennulat, unten Deppisch Architekten).

Oben: Mit Rosen und anderen Kletterpflanzen bewachsene Pergolen können aus nur entrindeten, ansonsten kaum bearbeiteten Holzstützen und Balken bestehen. Strohmatten bieten Sonnenschutz und erzeugen doch eine angenehme Lichtstimmung.

Rechte Seite: Dieses dreiseitig umschlossene, geschützte Atrium besitzt einen Sitzplatz am Wasserbecken (Planung: Walbrunn Grotz Architekten).

stabil zu machen. Darin werden auf identischem Niveau Stahlschuhe einbetoniert, die wiederum die Lagerhölzer aufnehmen (Maße circa 7 x 9 oder 9 x 9), auf die dann quer die Dielen verlegt werden. Im Idealfall bestehen Lagerhölzer und Dielen aus dem gleichen Material, beispielsweise Lärchenholz. Auch Eiche eignet sich besonders gut für Terrassenkonstruktionen, ist aber deutlich teurer im Materialpreis. Wird Weichholz als Unterkonstruktion eingesetzt, ist besonders auf einen guten Feuchtigkeitsschutz zu achten. Dazu gehört die Verwendung biologisch imprägnierter Lagerhölzer und wasserfester Unterlegestreifen (zum Beispiel aus Hartgummi) zwischen Dielen und Lagerhölzern. Die Dielen werden dann im Abstand von etwa 0,5 Zentimetern angeordnet. Im Hinblick auf gute Begehbarkeit wird man sich am besten für Exemplare mit geriffelter Oberfläche entscheiden. Verschraubt werden sollte ausschließlich mit Edelstahlschrauben.

ZUSATZ-FLAIR IM GARTEN: TEICHE UND POOLS

Wenn das Geld nach Abschluss der Arbeiten noch für ein »Zuckerl« reicht – etwa aufgrund einer besonders strengen Kostenplanung und kompakter Bauweise – steht für die meisten Familien ein Teich, Schwimmteich oder Pool an erster Stelle auf der Wunschliste. Eine Wasserfläche im Garten wirkt sowohl beruhigend als auch anregend, insbesondere wenn sie nahe am Sitzplatz und der Terrasse liegt. Auch eventuelles Froschquaken darf dann natürlich den Genuss nicht trüben. Die einfachste und bei weitem günstigste Variante ist dabei der normale Teich, bei dem die Aushubarbeiten den Löwenanteil ausmachen. Mit einem Kleinbagger, den man auch mieten und selbst bedienen kann, ist dies im Normalfall aber in einem überschaubaren Zeitraum zu bewerkstelligen. Bei Wasserflächen unter fünf Quadratmetern kann auch von Hand ausgehoben werden. Dabei wird immer so modelliert, dass es in der Mitte einen Tiefwasserteil mit mindestens einem Meter Tiefe gibt, nach außen wird es allmählich flacher. Vor dem Abdecken mit einer Teich-Spezialfolie wird auf die Erde eine 5–10 Zentimeter starke Sandschicht sowie ein weiches Vlies aufgebracht. Die Teichfolie wird mit einem schwach nährstoffhaltigen Substrat bedeckt. Bei richtiger Ausführung können bei größeren Teichen in der tiefen Mitte Fische überwintern und es gibt für verschiedenste Pflanzen geeignete Zonen. Zu steile Uferböschungen begünstigen das Abrutschen des Substrats, das im Übrigen nur schwach mit Nährstoffen versorgt sein sollte, um eine Eutrophierung zu vermeiden. Dagegen ist eine Bepflanzung hilfreich, um die Wasserqualität zu bewahren. Die in nicht durchwurzelbaren Behältnissen im Wasser platzierten Pflanzen sollten in ihrem Wuchs der Größe des Teichs angepasst sein. Erste Wahl sind für den Uferbereich die Sibirische Iris, die Etagenprimel und die Jakobsleiter, für das flache Wasser die Sumpfdotterblume, die Blumenbinse und das Mädesüß, im mittleren Bereich das Hechtkraut sowie als Schwimmpflanzen Wassererbsen und schwach wachsende Seerosen-Sorten. Schwimmteiche sind dem gegenüber weit schwieriger anzulegen und zumeist in einen betonierten Teil zum Schwimmen und einen Teichanteil zur Reinigung des Wassers aufgeteilt. Die Betonarbeiten nehmen viel Zeit in Anspruch und können vom durchschnittlichen Bauherrn nicht selbst geleistet werden. In noch stärkerem Maß gilt dies für Pools, die aus einer Vielzahl von Komponenten bestehen – von einer stabilen und aussteifenden Konstruktion

über die Betonarbeiten bis zur Auskleidung mit der Spezialwanne und dem Fliesen. Hinzu kommt die nicht unkomplizierte Technik der Wasserzu- und ableitung sowie der Reinigung. Beide Schwimmbad-Varianten bleiben also am besten Fachleuten überlassen. Für einen guten Pool müssen im Normalfall mehrere Zehntausend Euro eingeplant werden. Eine finanziell weniger belastende Alternative ist ein einfaches betoniertes Brunnenbecken, das auch zum fallweisen Erfrischen genutzt werden kann. Sollen auch einige kurze Schwimmzüge möglich sein, sind Mindestmaße von 2 x 4 Metern bei einer Wassertiefe von einem Meter sinnvoll.

Linke Seite oben: Hier ist der Pool förmlich Teil der Architektur geworden: Beim Schwimmen befindet man sich direkt unter dem Wohnzimmer! Der Wellness-Bereich mit Sauna, Fitness, Entspannungszone und Bad ist vom Pool aus direkt zugänglich.

Linke Seite unten: Ein mit kunstvollen Pflasterarbeiten eingerahmter Pool in parkartigem Umfeld

Rechts beide: Auch moderne Architektur passt sehr gut zu natürlich wirkenden Teichen, die den perfekten Übergang in die Landschaft bilden (Planung: Walter Felder, Michael Becker und Rolf Ennulat).

11 VORBILDLICHE NEUBAUTEN

DAS HAUS AM HANG

löhle neubauer architekten, Augsburg

Bauparzellen mit stark geneigtem Terrain stellen besondere Anforderungen an das Erschließungskonzept und das Raumprogramm. Gerade auch in dieser Hinsicht kann das von den Augsburger Architekten Regine Neubauer und Rainer Löhle geplante Einfamilienhaus als Paradebeispiel guten Bauens gelten.

Durch eine ruhige Anliegerstraße vom unteren Dorfbereich aus zu erreichen, ist das Haus mit seiner langen Eingangsseite nach Norden ausgerichtet, nutzt so die zur Verfügung stehende Grundstücksfläche optimal aus und separiert gleichzeitig den öffentlichen Raum vom Garten. Ein über das Nordwesteck laufendes Glasband richtet den Blick von der Küche und vom Wohnbereich auf die dort beginnende freie Landschaft, während sich die Eingangsfassade ansonsten sehr geschlossen gibt. Eine senkrechte Holzverschalung in Eiche vereint die Haustüre und das Garagentor, so dass beide zu einem unauffälligen Teil der äußeren Hülle werden. Beim Betreten des Hauses erfasst dann der nach Süden gerichtete Blick weithin großzügige Helligkeit, die den Innenraum durch ein Kontinuum geschosshoher Glasflächen belichtet. Die hohe Durchgängigkeit des Erdgeschosses, in dem Küche und Wohnbereich lediglich durch eine Wandscheibe getrennt sind, ansonsten aber Barrieren weitgehend fehlen, lässt das Belichtungskonzept selbst bei bewölktem Himmel zur Raumkunst werden. Das als eine einzige große Galerie geplante Dachgeschoss ermöglicht freie Blickbeziehungen zwischen den Ebenen. Die unter das Dachgeschoss eingezogene südseitige Loggia wirkt wie ein in die Gebäudekubatur eingeschobenener Glaskasten.
Eine skulpturale Treppe führt von der Eingangszone hinunter ins Hanggeschoss, wo sich die Kinderzimmer, das Elternschlafzimmer und das Badezimmer befinden. Einbauschränke stellen hier den benötigten Stauraum bereit, Oberlichtbänder in den Räumen belichten den Flur mit. Das Bad konnte nordseits untergebracht werden, da ein breiter Lichtgraben für die Versorgung mit weichem angenehmem Licht sorgt. Und nicht zuletzt gelangen die Familienmitglieder von ihren Zimmern jeweils direkt in den Garten – ein weiteres Indiz für die erreichte hohe Wohnqualität und Funktionalität!

Links oben: Boden- beziehungsweise deckenbündige, großformatige Glaseinbauten schaffen fließende Übergänge zwischen der Loggia und den Wohn- und Essbereichen.

Rechte Seite: In den klaren, weiß verputzten Kubus wurden auf der Südseite großformatige Öffnungen geschnitten. Die Fenster im Gartengeschoss sind durch eine vertikale Holzverschalung aus Eiche zu einem Band zusammengefasst.

The
who

Rechts: Der bis unter das Dach geöffnete Wohnraum im Eingangsgeschoss stellt sich als horizontales wie auch vertikales Raumkontinuum dar. Oben die Studio-Galerie. Links der Durchblick zur Loggia und zum Essplatz

Linke Seite:

Oben links: Der Eingangsbereich mit skulptural geführten Treppen. Die Wangen bestehen aus weiß verputzten Betonfertigteilen.

Oben Mitte: Blick von der Studio-Galerie in den Wohnraum

Oben rechts: Das Bad im Gartengeschoss erhält durch Lichthöfe reichlich Helligkeit. Boden und Wände sind mit Naturstein belegt, die Waschtische bestehen aus Corean.

Unten: Blick vom Essplatz in die Küche und in den Wohnraum. Bodenbelag und Einbauten bestehen einheitlich aus Eiche, Wände und Decken sind weiß verputzt.

BAUDATEN

Standort: bei Aichach/Bayerisch-Schwaben
Bauzeitraum: 2005–2006 (12 Monate)
Grundstücksfläche: ca. 780 m²
Wohnfläche: ca. 215 m²
zuzüglich 36 m² Terrasse
Umbauter Raum (BRI): 1.120 m³
Baukosten: keine Angaben

Links: Das rahmenlos eingebaute, von der Nord- zur Ostseite umlaufende Glasband bildet die Umgebung als Panorama ab.

Rechte Seite: Bei der Nordfassade werden Eingang und Garage durch die vertikale Eichenholz-Verschalung verbunden. Gemeinsam mit den großformatigen Betonplatten wird so der Eingang wirkungsvoll markiert.

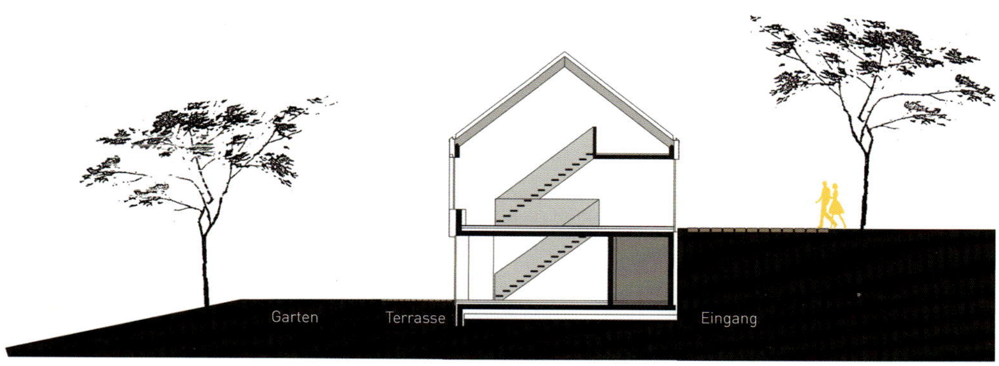

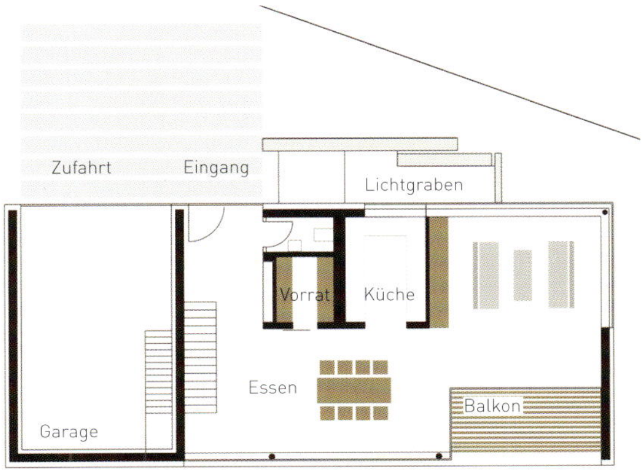

Erdgeschoss

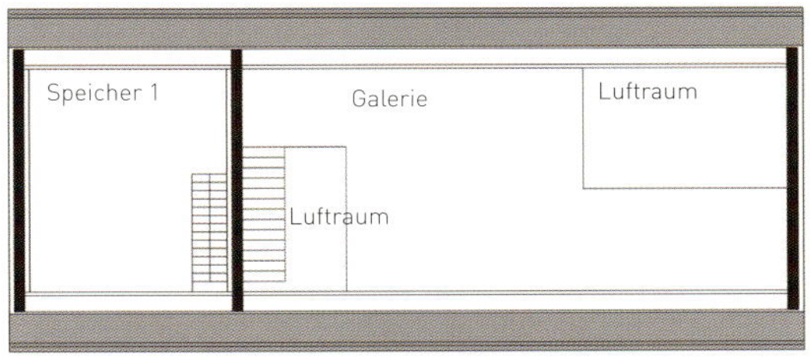

Dachgeschoss

DAS LICHT-HAUS AM DORFRAND

Architekt Gerhard Fischill, Linz

Häuser am Rand von Siedlungen und mit Ausblick in die Landschaft bieten den Bauherren eine hohe Wohnqualität, die der Architekt aber auch ins rechte Licht rücken muss. Das Beispiel dieses Projekts in Oberösterreich zeigt, wie die Vorteile der Lage geschickt in Szene zu setzen sind.

Das Grundstück am Rand eines oberösterreichischen Dorfes bot mit seiner abwechslungsreichen Morphologie – einer flachen Geländeterrasse und nach drei Seiten recht steil abfallendem Terrain – ein lohnendes Betätigungsfeld für einen fachkundigen Planer. Gerhard Fischill wählte zusammen mit den Bauherren als Bauplatz die Terrassensituation und platzierte das Haus so nah wie möglich am Nachbargrundstück. Damit gewann man größtmöglichen Raum für den naturnah belassenen Garten, der an seinem Rand von Wiesen und altem Baumbestand gesäumt wird. Nach Süden und vor allem nach Westen bestehen freie Blickbezüge in die Naturlandschaft. Dieser Vorteil ist in der Architektur dadurch ausgenutzt worden, dass die Südostecke des Wohnraums im Erdgeschoss in Nurglaskonstruktion ausgeführt ist, um in dieser Hauptblickrichtung keinerlei Sichtbarrieren zu schaffen. Nur die dem Eingang zugeordnete Garderobe und die vom übrigen Bereich separierte Küche bilden im Eingangsgeschoss eigene Kubaturen, den weit überwiegenden Teil der Wohnfläche teilen sich hier aber die offen ineinander übergehenden Funktionsbereiche Essen und Wohnen. Einzelne Zimmer für die Familienmitglieder bietet das in Teilen bis zum First geöffnete Obergeschoss – und zudem eine als künstlerisch zu bezeichnende Lichtführung, die mittels Dachverglasungen, gezielten Einschnitten und pointiert gesetzten künstlichen Lichtquellen ein außergewöhnliches Innenraumambiente schafft, das in spannenden Gegensatz zur alles umfassenden Helligkeit im Erdgeschoss tritt.

Links oben: Die Faszination von Licht und Linien: Blick vom Treppenbereich zum Dach mit dem »Lichtkamin«, der die innen liegende Raumzone mit dem Flur im Obergeschoss wirkungsvoll belichtet.

Rechte Seite: Ansicht der Südfassade mit dem auf der Hügelkuppe thronenden Haus. Das Sichtbeton-Vordach wirkt als »Sonnenbrecher«, der eine übermäßige sommerliche Erwärmung der Räume verhindert. Gleichzeitig entstand so eine Überdachung für die Terrasse.

Links: Die Küche ist durch raumhohe Schiebetüren vom Wohnraum abtrennbar. Die Arbeitsplatte besteht aus schwarzem Schiefer (Nero Assoluto). Durch die Fenstertüre aus geölter Lärche besteht eine direkte Verbindung zur südseitigen Terrasse.

Rechte Seite beide: Blick vom Sitzplatz, der von einem Sisalteppich markiert wird, über den Essbereich zur Küche (oben). Der geölte Massivholzboden besteht aus Eiche – ebenso wie der Esstisch und die modern-klassischen Stühle (Design Hans J. Wegner, Modell CH 24).
Der Schieferboden vor dem in die Schrankwand integrierten offenen Kamin geht über in den Eingangsbereich (unten).

Links: Blick in das zweigeschossige Treppenhaus mit dem Lichtkamin. Links die Zugangsnische zum Kinderzimmer, rechts die Treppe zum Erdgeschoss. Am Ende des Flurs befindet sich ein Abstellraum, der durch eine »Lichtfuge« gestalterisch akzentuiert und belichtet wird.

BAUDATEN

Standort: bei Linz/Oberösterreich
Bauzeitraum: 2003–2006
Grundstücksfläche: ca. 1.000 m²
Wohnfläche: 206 m²
zuzüglich 47 m² Terrasse
Umbauter Raum (BRI): 700 m³
Baukosten: keine Angaben

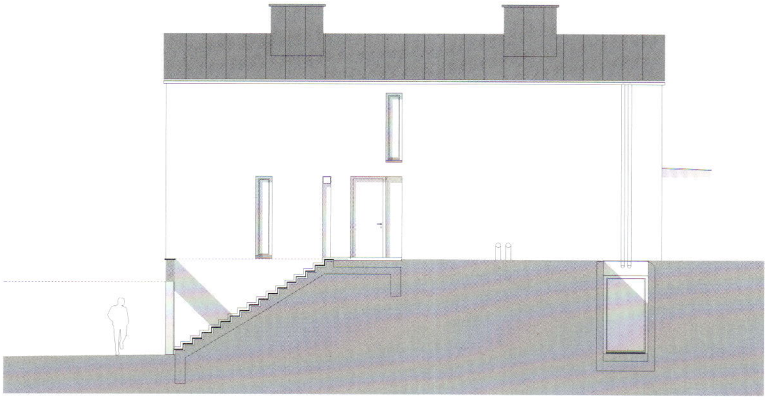

Längsschnitt

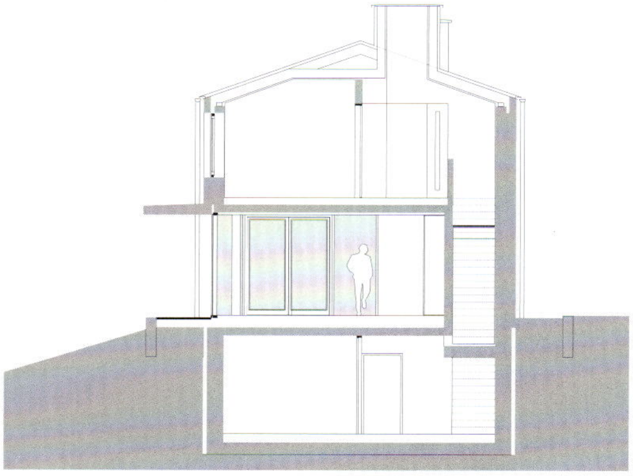

Querschnitt

Oben: Ansicht des Westgiebels mit der über Eck gezogenen Terrasse und dem Vordach. Der beim Bau bewusst stehen gebliebene alte Walnussbaum prägt die Qualität des Außenraums wesentlich mit.

Links: Blick auf die Glasfassade mit der Terrasse und in die Landschaft.

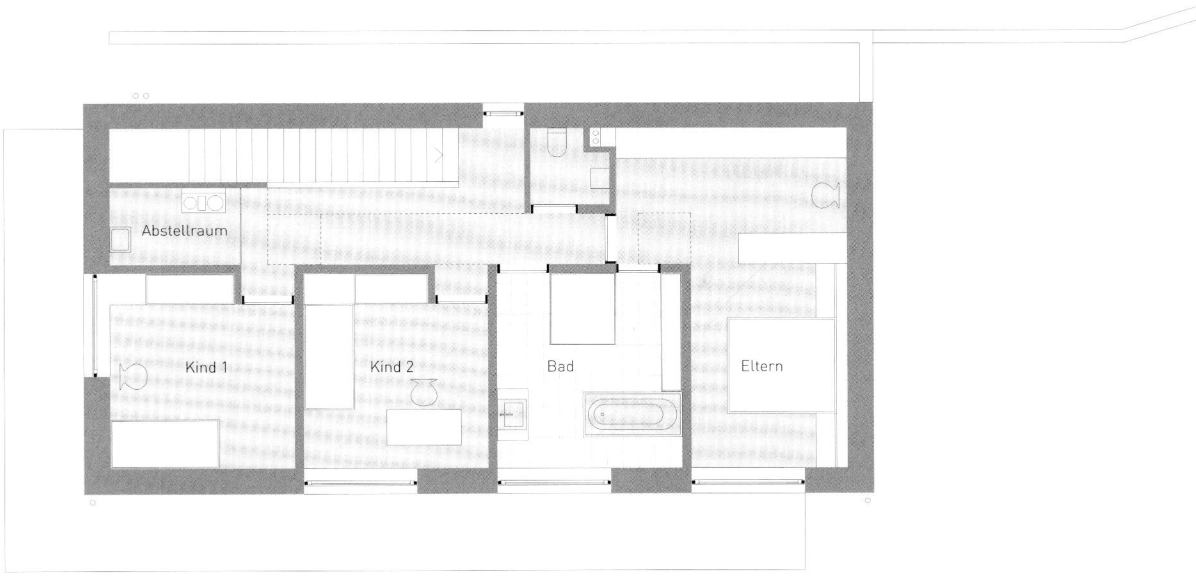

Obergeschoss

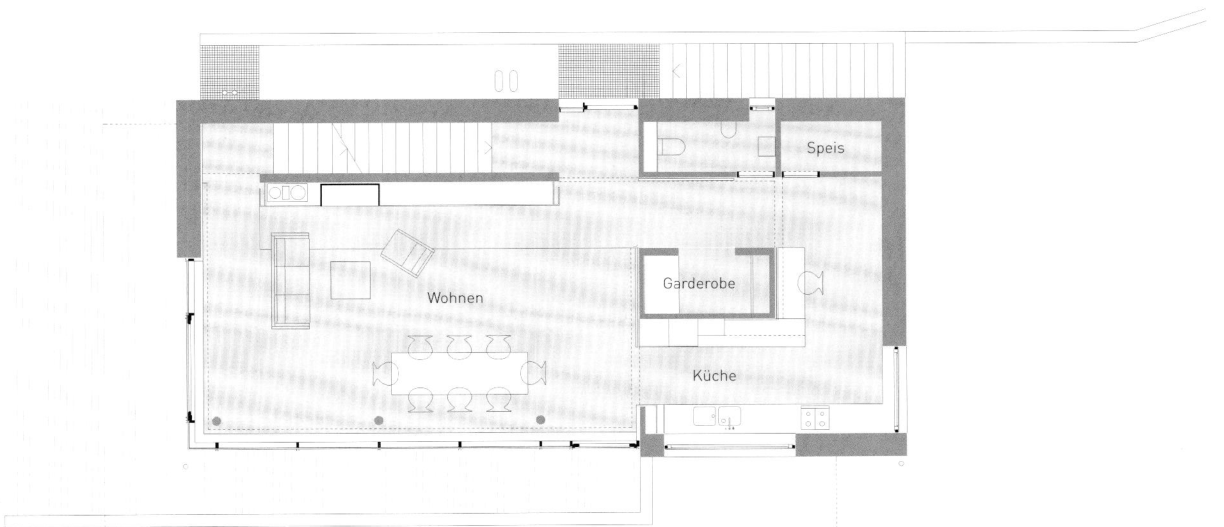

Erdgeschoss

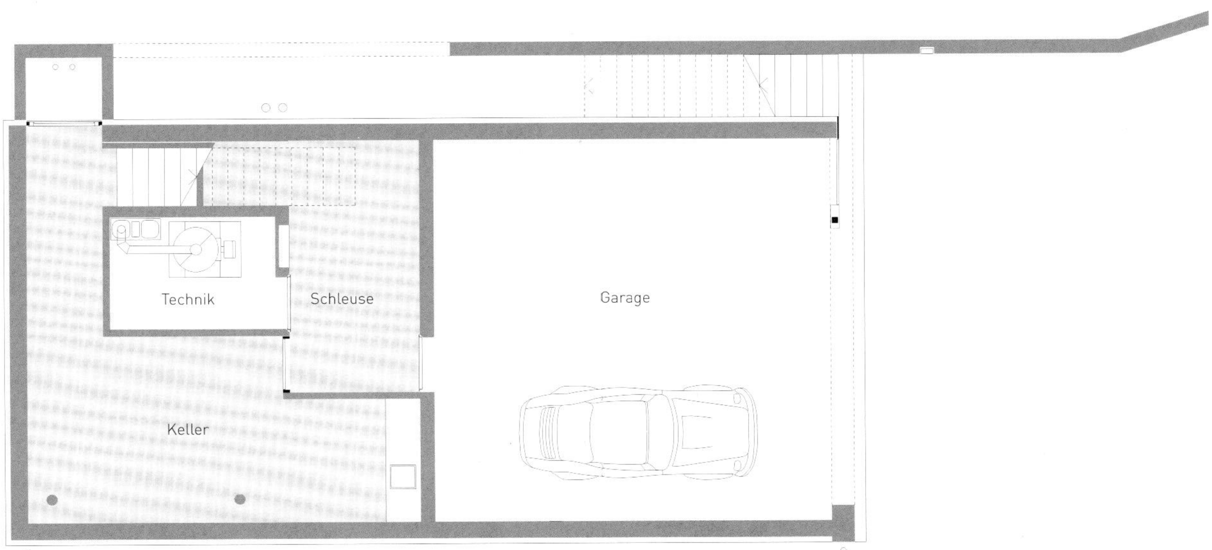

Grundriss Untergeschoss

DAS GROSSZÜGIGE HAUS MIT POOL

Stumpf + Wolfinger Architekten, Augsburg

Neu ausgewiesene Siedlungsgebiete mit ihrer häufig doch unbefriedigenden Architektur und ein Gelände ohne landschaftliche Reize fordern vom Planer besonderen Sachverstand, denn hier muss die Architektur des Wohnhauses gezielt Negatives ausblenden, Positives einblenden und zusätzlich die Einförmigkeit der Umgebung durch eine spannende Formensprache ausgleichen. Den Architekten Klaus Stumpf und Oliver Wolfinger gelang dies beim Haus der Familie Kreis in perfekter Weise.
Bereits die langgestreckte, zur Straße orientierte Eingangsfassade vermittelt einen ausgesprochen dynamischen Eindruck, der durch den anthrazitfarben abgesetzten Eingangsbereich noch betont wird. Das Gebäude mit dem massiven Erdgeschoss und dem – gleichsam als gestalterische Klammer – in Holzbauweise aufgesetzten, über die Terrasse auskragenden Obergeschoss konstituiert Hochspannung in einem an sich statischen Baukörper.
Der ungewöhnlichen Kubatur, die sich aus Teil-Körpern unterschiedlicher Volumina zusammensetzt, steht im Inneren ein dezidiert ruhiges Raumgefühl gegenüber. Auf insgesamt 255 Quadratmetern – davon allein 145 Quadratmetern im Erdgeschoss – entfaltet sich ein ebenso geradliniges wie außergewöhnliches Raumprogramm. Klare Strukturen prägen insbesondere den großen Wohn-, Ess- und Kochbereich, der sich ganz zum Garten orientiert. Nach Süden und Westen, zur Sonne hin ausgerichtet, sorgt das darüber auskragende Obergeschoss für wirksamen Überhitzungschutz im Sommer, während die tief stehende Wintersonne zur Erwärmung der Räume beiträgt. Zur Nordseite sind ausschließlich Nebenräume orientiert, die durch die durchlaufenden Holzlamellen nicht einsehbar sind.
Zwischen den Zonen Kochen/Essen und Wohnen schiebt sich eine Wandscheibe vom Flur her in den Raum hinein und strukturiert ihn, ohne eine Barriere zu bilden. Der Sitzecke ist ein skulptural gedachter und als solcher in die Innenraumgestaltung integrierter Kamin zugeordnet.
Für bedarfsgerechte Abtrennung zwischen Wohnbereich und Flur sorgt eine Schiebetüre, die in der Regalwand verschwindet. Alle Türen sind raumhoch und weiß lackiert.

Links oben: Ansicht des Hauses von Südosten mit dem grau abgesetzten Eingangsbau und der Doppelgarage (rechts). Einfahrt und Zugangsbereich sind mit grauem Granit-Kleinsteinpflaster belegt, das farblich mit dem Grau das an Teilen der Fassade verwendet wurde, korrespondiert.

Rechte Seite: Die Ansicht von Südosten zeigt, wie das auskragende Obergeschoss mit seiner waagerechten Lärchenholzschalung Teile der darunter liegenden Terrasse und der Wohnräume beschattet. Das über Eck laufende Holzdeck geht in eine ruhige Rasenfläche über, die wiederum von einer Hainbuchenhecke gefasst und geschützt ist. Rechts die Eingangsfassade

Den Eingangsbereich dominiert eine Holzverkleidung, die sich ums Eck herum fortsetzt, den Treppenraum durchstößt und im Obergeschoss als Brüstung endet. In diesem Block sind Abstellkammer und Garderobe integriert. Als verbindendes Band dienen durchgehende Funierspiegel aus geöltem Nussholz, die durch hinterleuchtete Glasstreifen strukturiert und akzentuiert sind. Die vier Meter hohe Treppenhauswand endet mit einem Glasband im Dach, das bei Sonnenschein zu unterschiedlichen Tageszeiten vielfältige Lichtmuster auf Decken, Boden und Wände zeichnet.
Das Jugendzimmer ist nach Osten und Süden gerichtet und hat einen direkten Zugang zur Dachterrasse. Der Blick vom westseitig orientierten Elternschlafzimmer richtet sich auf den nahen Stadtpark. So werden durch geschickte Platzierung der Fassadenöffnungen Straßenraum und Nachbarbebauung weitgehend ausgeblendet, attraktive Blickbeziehungen aber perfekt herausgearbeitet.

Oben beide: Die lärchenholzgedeckte, geschützte Terrasse avancierte schnell zum beliebtesten Aufenthaltsbereich der Familie.

Rechte Seite: Der sagenhaft schöne Atriumhof mit dem beleuchtbaren Pool und den Holzdecks ist durch Mauern nach außen abgeschirmt.

Leonardo da Vinci

Linke Seite beide: Der Wohnraum mit den gleichsam ineinanderfließenden Funktionen Wohnen, Essen und Kochen nimmt den größten Teil des Erdgeschosses ein. Das Nussbaumparkett ist vor Ort geschliffen und geölt worden. Bei dem Esstisch handelt es sich um eine Sonderanfertigung aus massivem Wenge-Holz.

Rechts oben: In der Küche wurden Wenge-, Schiefer- und hochglanzlackierte Oberflächen kombiniert.

Rechts: Blick vom Flur in den Wohnraum mit Kamin und Durchblick zum westlichen Teil des Gartens

BAUDATEN

Standort: bei Schwabmünchen/
Bayerisch-Schwaben
Bauzeitraum: 2007–2008
Grundstücksfläche: ca. 1.040 m²
Wohnfläche: 255 m²
zuzüglich ca. 70 m² Terrasse
Umbauter Raum (BRI): 1.790 m³
Baukosten: keine Angaben

Linke Seite oben beide: Das vom Eingang bis zum Obergeschoss durchlaufende Holzelement mit integrierter Garderobe und WC wird zusammen mit der Treppe durch ein Glasband im Dach erhellt, das reizvolle Lichtreflexionen erzeugt. Biancone-Marmor bildet den Bodenbelag des Eingangsbereichs und der Treppe.

Linke Seite unten: Das Elternschlafz mmer bietet kaum Einblicke von der Straße her, dafür aber einen wunderbaren Ausblick auf den nahen Park.

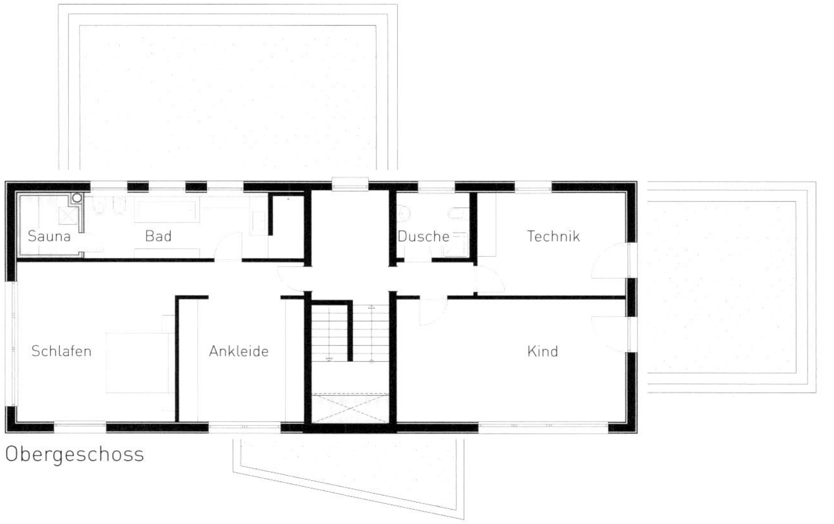

Obergeschoss

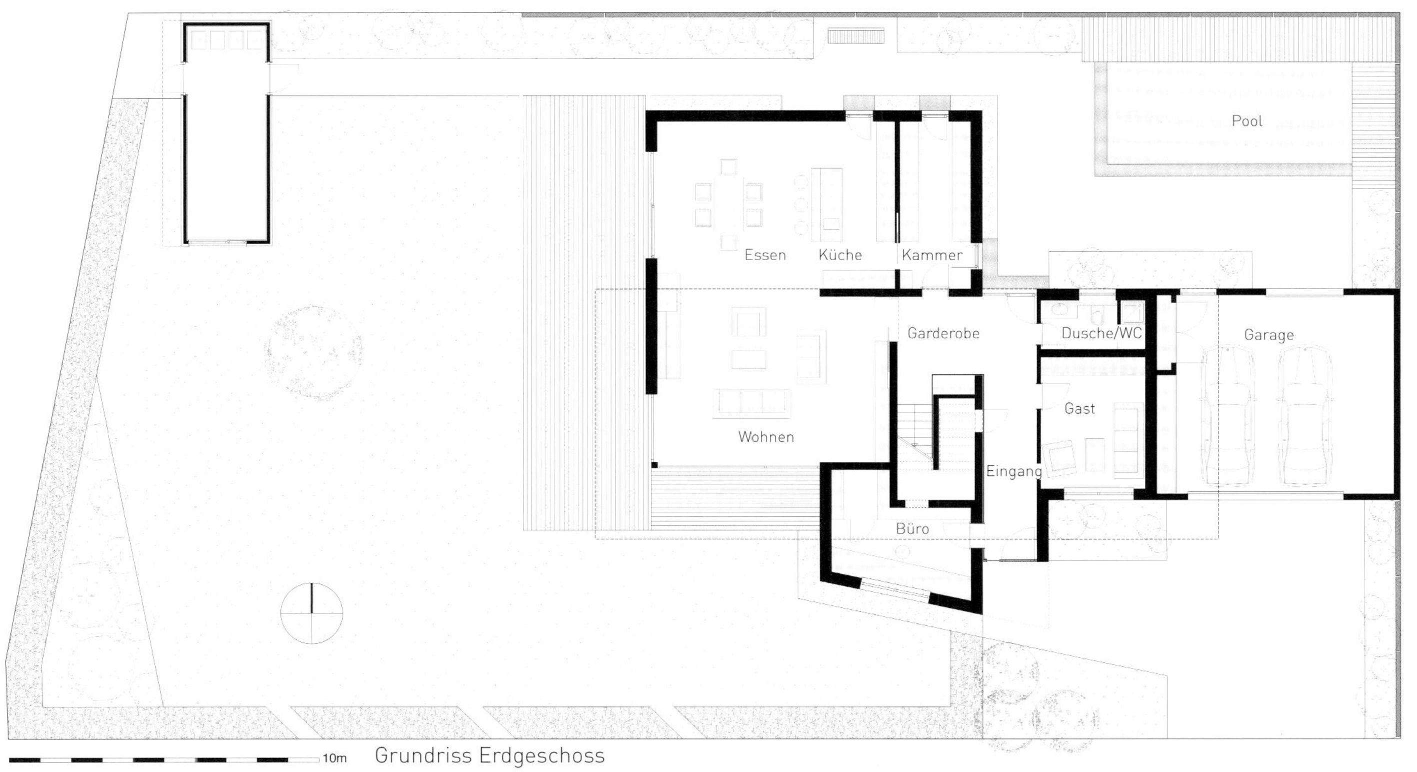

Grundriss Erdgeschoss

DAS TRAUMHAUS IN EINKLANG MIT DEM UMFELD

bembé dellinger architekten, Greifenberg

Die Wohnqualität eines Hauses entsteht zu einem nicht geringen Teil daraus, wie gekonnt die Architektur auf das Umfeld eingeht. Die Ausrichtung zur Sonne, der Außenbezug und auch das Arbeiten mit vorhandenem Grün können wie bei dieser Arbeit von bembé dellinger architekten die Kubatur wie auch die Atmosphäre eines Gebäudes nachhaltig beeinflussen.

Schon die erstmalige Betrachtung des Hauses macht offensichtlich, wie sehr die Orientierung und die äußere Form Bezug auf die örtlichen Gegebenheiten nehmen. Kern dieses Konzepts war der von Bauherrschaft und Architekten verfolgte Gedanke, den auf dem Grundstück vorhandenen Baumbestand soweit wie möglich zu erhalten. Stehen gelassen wurden etwa mehrere große Kiefern, die nun gleichsam einen Gebäudeeinschnitt markieren. Südseits schirmen zahlreiche alte Ahornbäume, Linden und Birken die über zwei Geschosse verglaste Fassade mit der Dach-Loggia zum öffentlichen Raum hin ab. Für einen allmählichen Übergang zwischen Haus und Garten sorgt ein um die Terrasse angelegter Gräser- und Kiesgarten – genau die richtige Mischung aus Natürlichkeit und Klarheit, die die gesamte Architektur kennzeichnet. Selbst der strahlend weiße Anstrich der Fassade vermeidet durch die Rauheit der Schalung jeden Eindruck von kühler Glätte, vielmehr trägt die Farbe dazu bei, das Zurückhaltende in der ansonsten durchaus expressiven und dynamischen Architektur zu unterstreichen.

Im Innenraum erstaunt vor allen Dingen, wie perfekt das Belichtungskonzept mit wenigen, bandartigen Fassadenöffnungen auf den Längsseiten und der südseitigen Glasfassade funktioniert. Als eine Art Lichttrichter befördert die Südfassade über beide Ebenen die eingestrahlte Helligkeit bis in die nördlichsten Bereiche mit dem Hauseingang. Das völlig offene, lediglich durch einige Wandscheiben untergliederte Raumkonzept des Erdgeschosses ist dabei ein wichtiger Baustein. Das verbindende Band zwischen oben und unten bildet die als Regalblock an eine Wandscheibe gelehnte Treppe, die ohne Geländer und Brüstungen auskommt und somit noch stärker als eigenständige Skulptur zur Geltung kommt. Die den Luftraum über dem Eingangsbereich durchschneidende Arbeitsgalerie erschließt Kinderzimmer und Elternbereich mit dem Badezimmer und der Garderobe.

Links oben: Das Eltern-Schlafzimmer im Obergeschoss bietet mit seinem über Eck gezogenen Fensterband einen beruhigenden Ausblick in den Garten mit den beim Bau stehen gebliebenen großen Bäumen.

Rechte Seite: Die Südseite ist geprägt durch die Einbettung in den Baumbestand – links eine mächtige Birke. Die ungewöhnlich in die Kubatur eingeschnittene Loggia beschattet und beschützt auch die darunter liegende, holzgedeckte Terrasse.

Linke Seite oben: Blick vom Badezimmer zum Eltern-Schlafzimmer mit dem betonierten, von den Architekten entworfenen Waschtisch

Linke Seite unten: Die dynamisch geformte Treppe fügt Eingangsbereich und Wohnraum im Erdgeschoss wie auch die beiden Wohnebenen zusammen. Das darunter vorgesehene Bücherregal nutzt den Bereich unter der Treppe und schaffen wertvollen Stauraum.

Unten: Küche und Küchenblock mit der Arbeitsplatte aus Beton entstanden nach dem Entwurf der Architekten.

BAUDATEN

Standort: bei Gauting/Oberbayern
Bauzeitraum: 2004–2005 (12 Monate)
Grundstücksgröße: 893 m²
Wohnfläche: 253 m² auf zwei Ebenen zuzüglich 30 m² Terrassen
Umbauter Raum (BRI): 1.140 m³
Baukosten: keine Angaben

Links: Die Galerie über dem Eingangsbereich erlaubt es ähnlich wie auf der Brücke eines Schiffs, alles im Auge zu behalten – eine sehr nachahmenswerte Idee fürs Arbeiten zuhause!

Linke Seite unten: Ungewöhnlich anders: Die Eingangsfassade besitzt einen charakteristischen Knick. Der Bereich bei Zufahrt und Eingang ist hoch geschlossen ausgeführt, nach Süden und Südwesten öffnet sich das Gebäude nach außen. Oben das ebenfalls abknickende Fensterband bei der Arbeitsgalerie

Obergeschoss

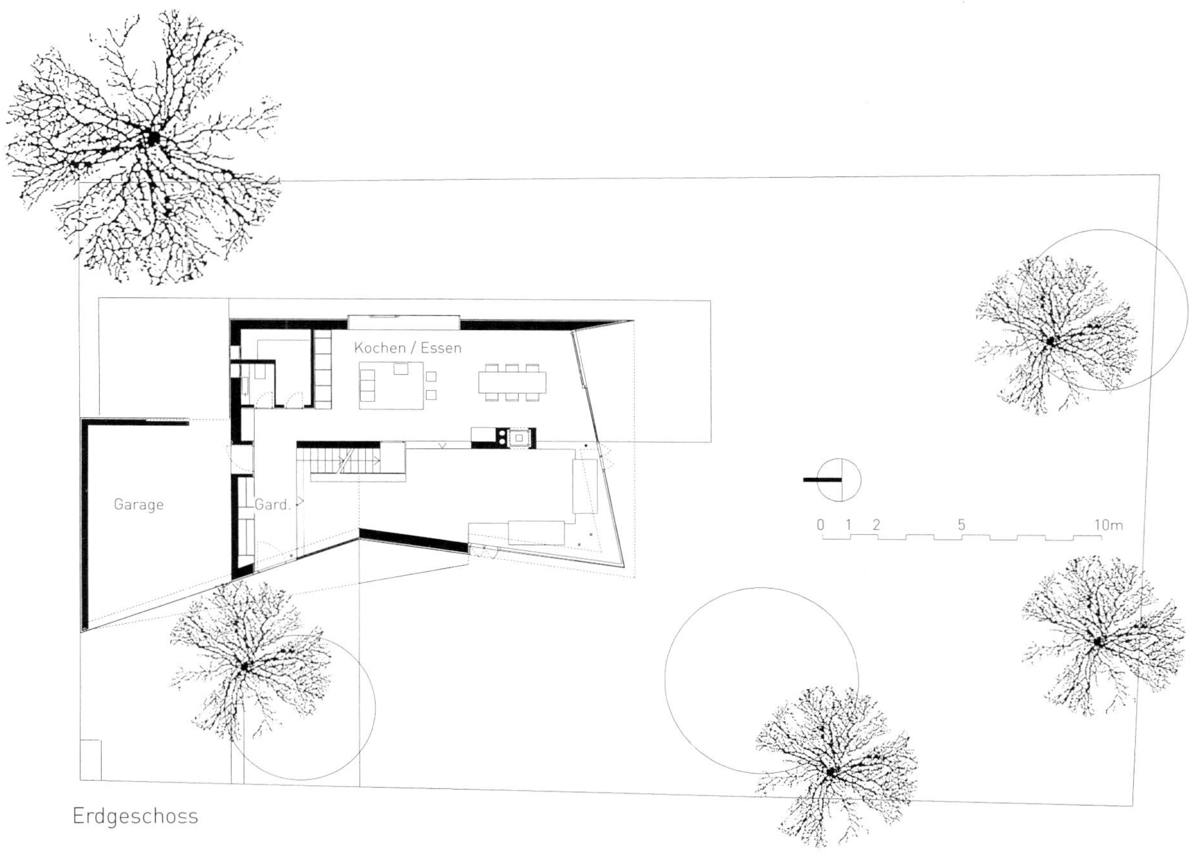

Erdgeschoss

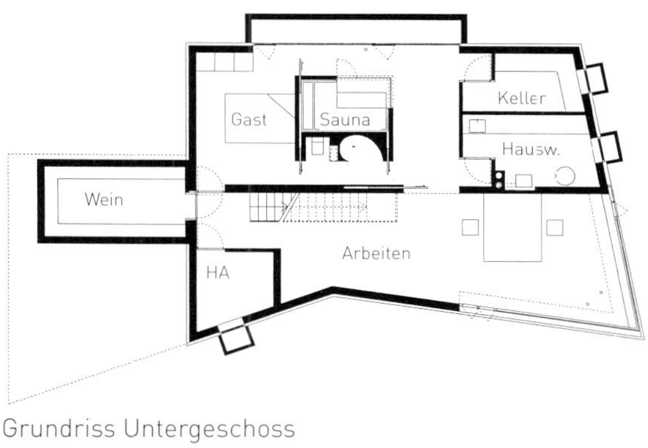

Grundriss Untergeschoss

DER ZEITGEMÄSSE BUNGALOW FÜR PAARE ODER ALLEINLEBENDE

Architekt Gerhard Fischill, Linz

In diesem Fall als die moderne Variante des bäuerlichen Austragshauses geplant, stellt das Beispiel aus dem Bundesland Oberösterreich ein allgemein gültiges Architektur-Modell für all diejenigen dar, die keinen riesigen Platzbedarf haben und alle Räume auf einer Ebene unterbringen wollen.
Das Zusammenleben mehrerer Generationen muss nicht zwangsläufig unter einem gemeinsamen Dach stattfinden. Die von der Familie Friedl gewählte und von ihrem Architekten Gerhard Fischill verwirklichte Lösung geht einen besonderen Weg: Dem mehrgeschossigen Neubau für die Eltern und Kinder auf der einen Seite des Grundstücks ist auf der anderen Seite ein Flachdach-Bungalow gegenübergestellt, in dem die alleinstehende Großmutter lebt. Zum Essen und für andere Gelegenheiten sitzt man gerne zusammen, im Übrigen bleibt beiden Parteien je nach Wunsch ausreichend Privatsphäre. Auch bei anderen Konstellationen und in anderen Lebensphasen ist ein Flachdach-Bungalow eine sehr erwägenswerte, vergleichsweise kostengünstige Lösung, denn es werden keine Treppen benötigt und ein Flachdach kann mit überschaubarem finanziellen Aufwand hergestellt werden.
In spannender Zwiesprache von Beton- und Lärchenholzoberflächen sowie Glasflächen umgesetzt, wendet sich das Haus mit der Eingangs- und Zufahrtssituation nach Osten und öffnet sich vor allem auf seiner Westseite, die zum Einfamilienhaus orientiert und dem Vorplatz mit Brunnenbecken zugeordnet ist. Hinter der weithin gläsernen Fassade verbirgt sich der große Wohn-, Ess- und Kochbereich, der mit einem raffinierten Fensterschlitz Sichtkontakt zum Bad bietet. Ansonsten gehen Sitzecke und Essplatz nahtlos ineinander über, der halbhohe Küchenblock fungiert als Untergliederung des Raums. Nordseits dockt an den Hauptraum der Eingangs- und Garderobenbereich, südseits das Schlafzimmer an. Einfachen, klaren Raumstrukturen entspricht eine geradlinige Materialität in Kombination von Beton-, Putz- und Holzoberflächen, das dominierende Farbthema ist die Kombination aus Weiß und Naturholztönen. Alter, erhaltener Baumbestand schirmt das Haus vom Zufahrtsweg ab.

Links oben: Blick von der Küche durch den Ess- und Wohnbereich zur Einganszone. Der Boden ist aus dem selten verwendeten Holz der Hemlocktanne (Tsuga canadensis) gefertigt, die Wände bestehen aus Lärchenholz. Links an der westlichen Außenwand der eiserne Ofen mit frei stehendem Edelstahl-Kamin

Rechte Seite: Das kleine Haus fügt sich bescheiden in den umgebenden Naturraum ein, dessen Baumbestand weitgehend bewahrt worden ist. Die geölte, interessant strukturierte Lärchenholzfassade kontastiert reizvoll mit den Sichtbeton-Oberflächen. Während sich das Gebäude zu der Anliegerstraße geschlossen gibt, öffnet es sich mit großen Glasflächen nach Westen, wo auch die Terrasse angeordnet ist. Links das Badehaus

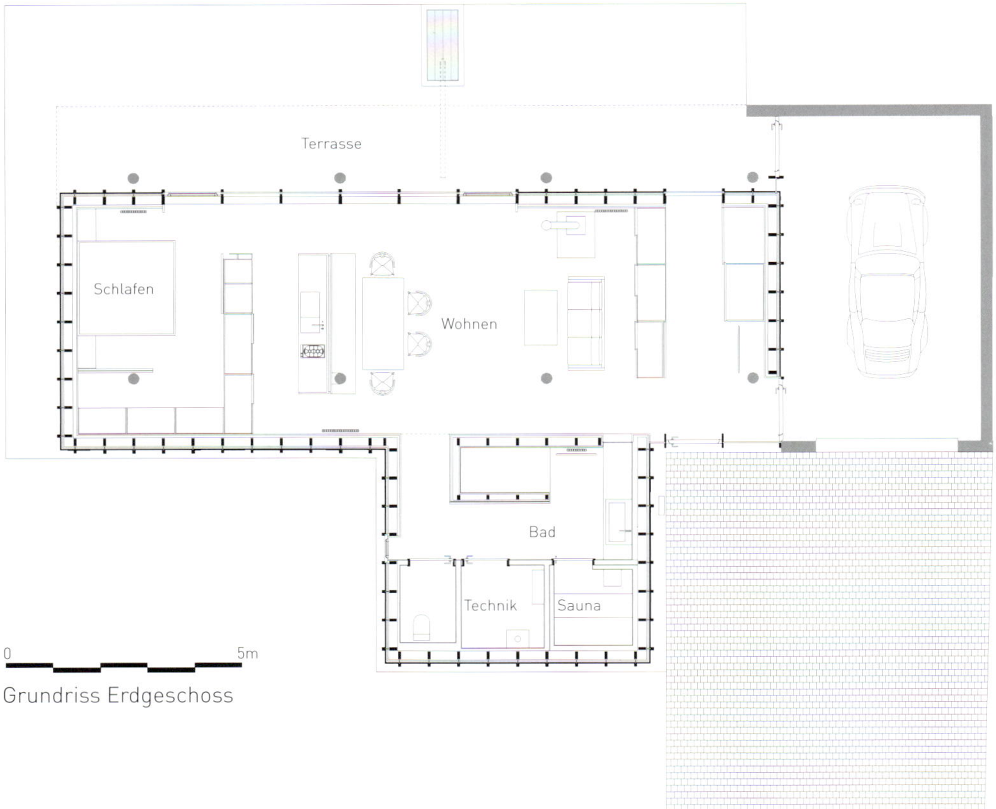

Grundriss Erdgeschoss

BAUDATEN

Standort: bei Linz/Oberösterreich
Bauzeitraum: 2005–2006 (12Monate)
Grundstücksfläche: ca. 300 m²
Wohnfläche: 91 m²
zuzüglich 65 m² Terrasse
Baukosten: keine Angaben

Linke Seite: Ansicht der Eingangsfassade mit der Sichtbeton-Garage

Unten links: Der Wohn- und Essraum mit dem frei stehenden Küchenblock. Der Küchenschrank bildet zugleich die Abtrennung zum Schlafzimmer. Die Westseite ist geprägt durch eine raumhohe Verglasung und Schiebewände.

Unten rechts: Blick vom Wohnbereich ins Badezimmer. Der Lichtschlitz links belichtet die Eingangszone.

Oben: Zwischen den alten Walnussbäumen ragt der angedockte Sanitär-Baukörper hervor. Ein Glasschlitz in der Lärchenholzfassade sorgt für die nötige Belichtung, ohne Einblicke zu erlauben.

DAS FARBENFROHE STADTHAUS AUF BEENGTEM TERRAIN

Oliver Rapp, Stuttgart

In bevorzugten Großstadtlagen steht das Unternehmen Hausbau vor besonders großen Schwierigkeiten. Das Angebot ist knapp, die Grundstückspreise sind entsprechend hoch und zumeist steht auch wenig Platz zur Verfügung. Wie es trotzdem gehen kann, ohne auf anspruchsvolle Architektur und Wohnatmosphäre zu verzichten, zeigt dieses Beispiel.

In unmittelbarer Nähe zu mehreren Altbauten stand ein Restgrundstück zur Verfügung, das von einem Bauherren-Ehepaar nicht zuletzt aufgrund des attraktiven Ausblicks über die Stadt ausgewählt worden war. Wegen des beengten Raums stellte sich dem Architekten die Frage, wie hier der gewünschte großzügige Wohnraum mit hohem Aufenthaltswert geschaffen werden könne. Die Lösung bestand in einem hoch aufstrebenden, direkt an den Gebäudebestand angebauten Bauwerk mit insgesamt vier Geschossen, das in verschiedene, farbig voneinander abgesetzte Einzel-Kubaturen aufgelöst ist. Zwei Terrassen im Bereich des Obergeschosses und des Dachgeschosses fügen sich geschickt zwischen die Teile des Baukörpers ein und schaffen so zusätzlichen Aufenthaltsraum – eine angesichts der geringen Grundstücksfläche besonders sinnvolle Maßnahme.

Die äußere Vielgestaltigkeit spiegelt sich im Inneren durch eine spannende Raumabfolge und die Staffelung von Niveaus, aber insbesondere das Erdgeschoss mit den offen ineinander übergehenden Funktionen Wohnen, Essen und Kochen stellt sich als durchgängige Raumstruktur dar. In den beiden obersten, räumlich kleineren Ebenen befinden sich Schlafzimmer und Arbeitszimmer, die durch den weiten Ausblick umso inspirierender wirken.

Links oben:
Gesamtansicht des turmartigen Hauses mit der unmittelbar anschließenden Nachbarbebauung. Der Haupteingang links ist über sechs Stufen zu erreichen. Zusammen mit der erfolgten Modellierung des Geländes ist ein bestens belichtetes Untergeschoss entstanden.

Reche Seite:
Der Wohnbereich auf der Südseite liegt im Gebäude wiederum zwei Stufen tiefer als der Eingangsbereich, so dass ein natürlicher Übergang zum Garten geschaffen worden ist.

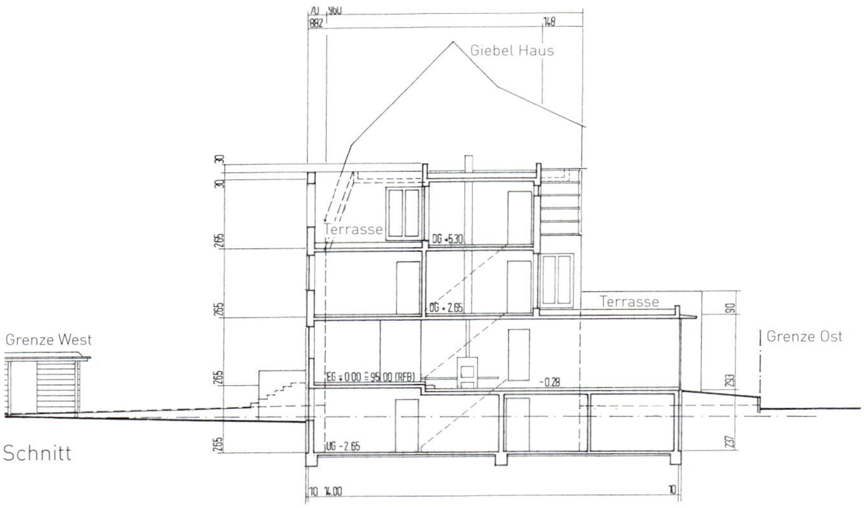

Schnitt

Rechte Seite

Oben links: Der an den Bestand anschließende Teil verbindet den Nachbarbestand mit dem neuen Flachdachgebäude.

Oben rechts: Die offene, vom Architekten geplante und gefertigte Küche schließt unmittelbar an die Diele an.

Unten: Blick durch den Wohnbereich zur Küche und zum Eingang (Kaminofen von Rondolino)

Links: Der gemauerte Waschplatz besitzt ein Becken aus belgischem Granit. Hinter dem Spiegel ist ein wandintegriertes Badschränkchen eingebaut. Die Fliesen unterschiedlicher Größe rhythmisieren den vergleichsweise kleinen Raum und verleihen dem Raumeindruck gestalterische Spannung. Hinter der mit Glasmosaik gefliesten Wandscheibe befindet sich die Dusche.

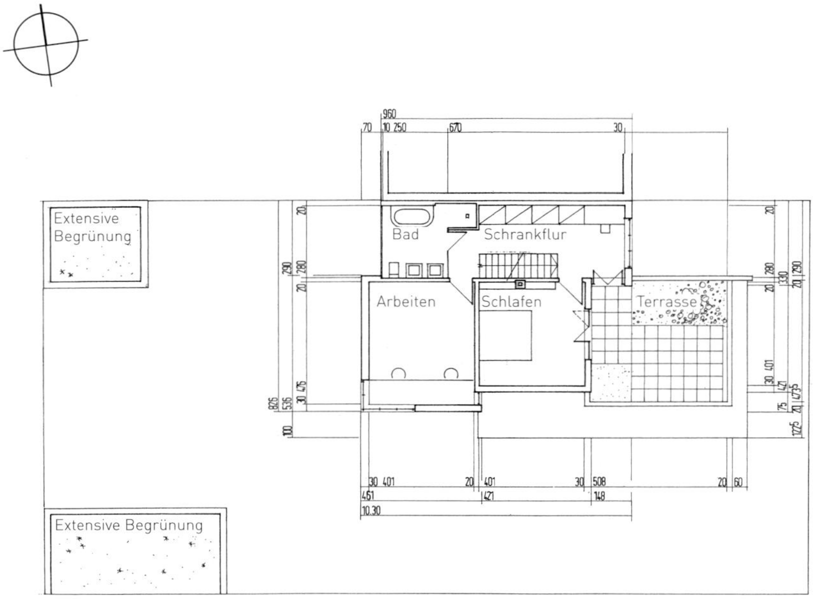

1. Obergeschoss

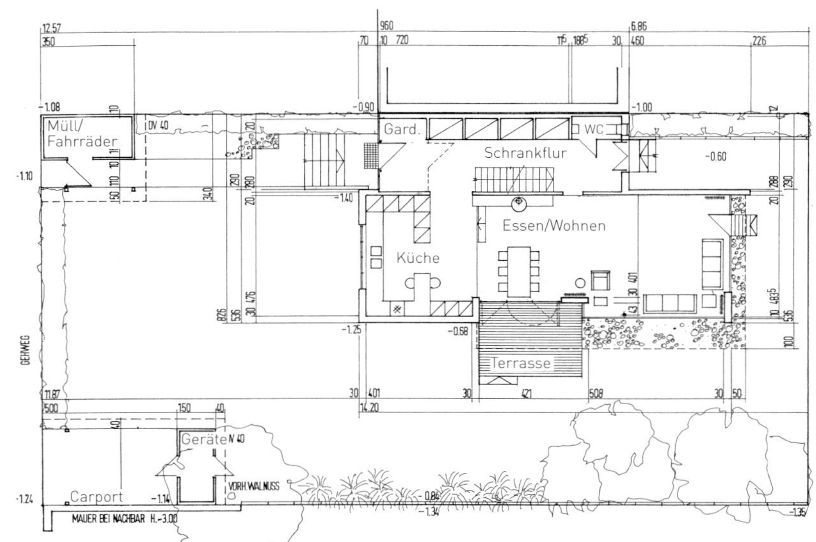

Erdgeschoss

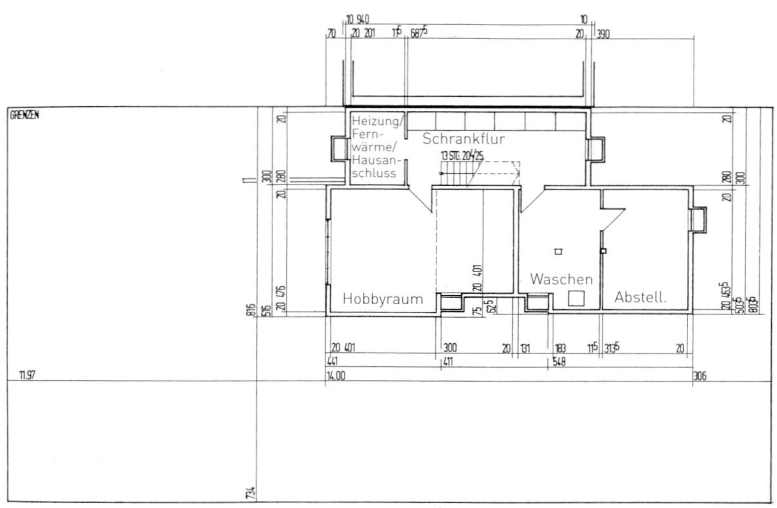

Grundriss Untergeschoss

Rechte Seite: Blick in das Wohnzimmer mit der Pfosten-Riegel-Fassade – ein echtes »Garten-Zimmer«! Durch die weit auskragenden Decken und die Bepflanzung ist für optimalen Sonnen- und Sichtschutz gesorgt.

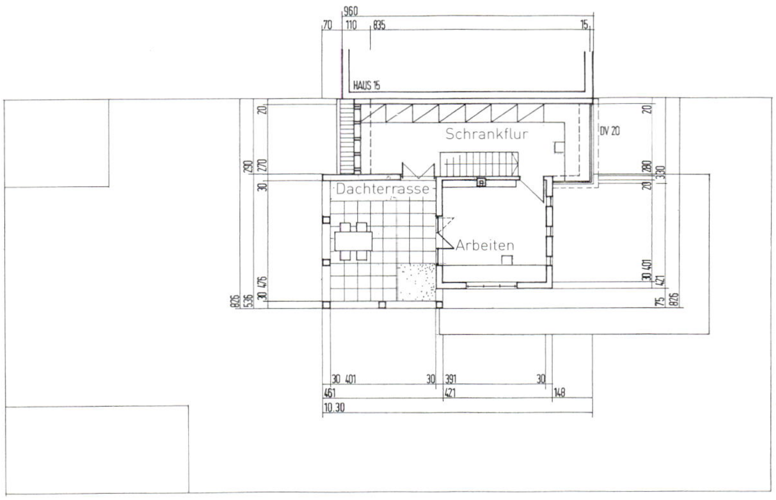

2. Obergeschoss

BAUDATEN

Standort: Mannheim/Baden-Württemberg
Bauzeitraum: 2001–2002
Grundstücksfläche: ca. 450 m²
Wohnfläche: 169 m² zuzüglich 78 m² Nutzfläche und 44 m² Terrassen
Umbauter Raum (BRI): 890 m³
Baukosten: ca. 255.000 Euro

DAS PASSIVHAUS MIT TONNENDACH UND KLINKERHÜLLE

Rongen Architekten, Wassenberg

Energiesparen wird zunehmend zum dominierenden Thema, insbesondere auch beim Bau von Einfamilienhäusern. Insofern kommt es darauf an, sich frühzeitig Gedanken über ein nicht nur architektonisch ansprechendes Äußeres, sondern auch ein auf längere Sicht tragfähiges Energiekonzept zu machen. Das vorgestellte, von Prof. Ludwig Rongen geplante Beispiel aus Nordrhein-Westfalen zeigt, wie es gehen kann.

Für eine Familie mit zwei Kindern geplant, stellt sich die Raumaufteilung ein wenig anders dar als bei der Mehrzahl der Einfamilienhäuser. Dem ebenerdigen Eingangsgeschoss zugeordnet sind neben dem großen Wohn-, Ess- und Kochbereich auch die beiden Kinderzimmer, während unter dem Vierteltonnen-Dach des Obergeschosses neben einem großen, offenen Arbeitsbereich nur noch das Bad und das Elternschlafzimmer untergebracht sind. Diese Separierung von Eltern- und Kindertrakt bringt mittel- und langfristig deutliche Vorteile mit sich – insbesondere dann, wenn aus den Kindern Jugendliche geworden sind.

Das in massiver Ziegelbauweise realisierte Gebäude ist energetisch hoch effizient. Der für Passivhäuser vorgegebene Heizenergiebedarf von 15,0 kWh pro Quadratmeter wird mit nur 12,8 kWh deutlich unterschritten. Die dazu eingesetzten technischen Komponenten bestehen in einer kontrollierten Wohnungslüftungsanlage mit Wärmerückgewinnung, einer Solarkollektoranlage, einer Photovoltaikanlage, der gezielten Ausnutzung passiver solarer Wärmegewinne durch gezielte Gebäudeausrichtung und Setzung der Fassadenausschnitte und selbstverständlich einer hoch gedämmten und luftdicht ausgeführten Gebäudehülle. Als Restheizung fungiert ein im Wohnraum aufgestellter Holz-Pelletsofen. Zusätzliche ökologische Maßnahmen sind die Sammlung und Nutzung des Regenwassers über eine Zisterne, die gleichzeitig als Brunnenbecken in die Terrasse integriert ist. Das überschüssige Niederschlagswasser versickert auf dem Grundstück. Die Flächenversiegelung beim Bauen wurde auf ein Minimum reduziert. Nur in diesem Gesamtkonzept konnte ein beispielgebendes Passivhaus mit hoher Wohnqualität und geringst möglichen Betriebskosten entstehen.

Links oben und rechte Seite: Die Gesamtansicht von Südosten zeigt das Tonnendach des südlichen Hauptbaukörpers. Der wärmebrückenfrei vor die Fassade gestellte, in filigraner Stahlkonstruktion ausgeführte Balkon beschattet zusammen mit der Solar- und Photovoltaik-Anlage im Sommer die Südseite. Damit erübrigen sich bewegliche Sonnenschutzelemente. Das Wasserbecken ist Mittelpunkt der großzügigen Terrasse und hat gleichzeitig die Funktion einer Zisterne, die ressourcensparend das Regenwasser sammelt.

Der zusammenhängende Wohn-, Ess- und Kochbereich im Erdgeschoss wird durch die leicht wirkende Stahltreppe mit Buchenholztritten strukturiert.

BAUDATEN

Standort: bei Mönchengladbach/
Nordrhein-Westfalen
Bauzeitraum: 2005 (8 Monate)
Grundstücksfläche: ca. 896 m²
Wohnfläche: 183 m²
zuzüglich 45 m² Terrasse und 18 m² Balkon
Umbauter Raum (BRI): 880 m³
Baukosten: keine Angaben

Linke Seite oben:
Weniger ist mehr: Die einzigen Öffnungen in dem eingeschossigen, nördlichen Eingangsbaukörper sind die Hauseingangstüre und das Fenster des Gäste-WCs.

Linke Seite unten:
Für den Balkon wurde vorlasiertes Lärchenholz verwendet, bei dem der Verwitterungseffekt kontrolliert vorweggenommen wurde. Darüber die auch als Vordach wirkenden Solarmodule

Unten links:
Die Wanne steht frei im Bad des Obergeschosses. Dahinter sind Dusche und WC angeordnet.

Unten rechts:
Das Tonnendach ist durch die sichtbar gehaltenen Sparren im Obergeschoss – insbesondere auf der Arbeitsgalerie – unmittelbar erlebbar.

DAS HAUS ZUM WOHNEN UND ARBEITEN

x architekten, Linz

Bei dem Projekt von x architekten sollte in einem Villengebiet über Linz ein Einfamilienhaus mit der Arztpraxis der Bauherren unter einem gemeinsamen Dach vereinigt werden. Die Vorteile dieser Lösung liegen auf der Hand – unter anderem Kosteneffizienz, kurze Wege, Finanz- und Zeitersparnis und familiäre Einbindung. Das grundsätzliche Problem, unter diesen Voraussetzungen für eine angemessene interne Trennung der Bereiche zu sorgen, wurde von der Planung bestens gelöst. Eine gemeinsame schwarze Schale stülpt sich über den großen Wohn- und Arbeits-Kokon. Abgesehen von dieser verbindenden Hülle haben der Wohntrakt und die Arztpraxis nur den Hauseingang gemeinsam - im Übrigen war die Planung darauf ausgerichtet, die private und die berufliche Sphäre visuell wie auch akustisch weitest möglich zu separieren. Auch die – zumal angesichts der starken Hanglage – blickexponierten Außenbereiche mussten so angelegt werden, dass die Privatheit der Familie gewahrt werden und gleichzeitig der attraktive Ausblick auf die angrenzende Wiesen- und Waldlandschaft sowie auf die Stadt Linz perfekt in Szene gesetzt werden konnte.

Die sich über Dach und Fassaden ziehende Außenhaut aus anthrazitfarben eingefärbten, glasfaserverstärkten Betonplatten nimmt ästhetische Anleihen bei der örtlichen Farbe der Erde, die Fenstereinschnitte bilden die Risse im Boden nach, die Neigung des Dachs folgt der des Geländes. Zurückgesetzte Tür- und Fenstereinschnitte unterstützen den Eindruck der Intimität und reduzieren die Einblickmöglichkeiten, gleichzeitig zeigt sich das Haus aber in seinem Inneren höchst einladend, hell und offen. Durchgängige Raumstrukturen waren für die Planer ein wichtiges Mittel, die im Verhältnis zum angestrebten Raumprogramm eher bescheidene bebaubare Grundfläche bestmöglich auszunutzen – besonders klar zu sehen bei der Gestaltung des großen, zusammenhängenden privaten Wohnraums im Erdgeschoss. Familien-Wohnbereich wie auch Arbeitsbereich gemeinsam ist ihr lichter Charakter, der das überraschende und spannungsreiche Gegenbild zum dunklen, eher kühlen äußeren Erscheinungsbild formt. Nach Süden geht der Wohnbereich in die Terrasse mit dem Pool über. Schlafräume und Bad im Untergeschoss besitzen über eine vorgelagerte Terrasse direkten Zugang zum Garten und perfekten Sichtschutz gegenüber dem öffentlichen Raum.

Lins oben: Ansicht der Straßenseite. Das mit einer Alucobond-Oberfläche versehene Garagentor sitzt flächenbündig im Fassadenausschnitt, der im Licht- beziehungsweise Erschließungshof mündet.

Rechte Seite: Die Übereck-Ansicht zeigt eine hoch geschlossen ausgeführte, monolithische Nordseite und eine Ostseite, die sich zur Terrasse und zum Garten öffnet. Landschaft und Außenraum spiegeln sich in der Betonplatten-Fassade. Das unregelmäßig geschnittene, über Eck laufende Fensterband ist ein spannendes und unkonventionelles Architektur-Element.

Auf der »Schlafterrasse«. Blick auf die Glasfassade mit Nurglasoptik, die verdeckt liegende Flügel mit rand-emaillierten Stufenfalzgläsern besitzt.

Innenansicht des »Fensterschlitzes« auf der Ostseite. Es handelt sich um Fixverglasungen mit versenkten Rahmen und Nurglasstößen. Das Band nimmt mit seinen Dimensionen die Notwendigkeiten der dahinter liegenden Funktionen auf (zum Beispiel Praxisbereich oder Koch- Wohnbereich).

Die Glasbrücke über der »Erschließungsschlucht« trennt einerseits im Erdgeschoss den Wohn- und Essbereich von Funktionsräumen und Arbeitsbereich, andererseits im Untergeschoss den Eltern- vom Kinderbereich.

Vorgelagerter Lichthof im Eingangsbereich, der wie alle Einschnitte des Hauses mit sehr hellen Fassadenplatten verkleidet wurde. So ergab sich der gewünschte starke Hell-Dunkel-Kontrast zur schwarzen Außenhaut.

BAUDATEN

Standort: Linz/Oberösterreich
Bauzeitraum: 2004–2006
Grundstücksfläche: ca. 740 m²
Wohnfläche: 273 m²
zuzüglich 120 m² Terrassen
Baukosten: keine Angaben

Ansicht der zum Tal orientierten Ostfassade. Erdgeschoss und Untergeschoss öffnen sich in starkem Maß auf diese Seite, da sie einen schönen Blick auf die Baumkronen und ins Grüne bietet.

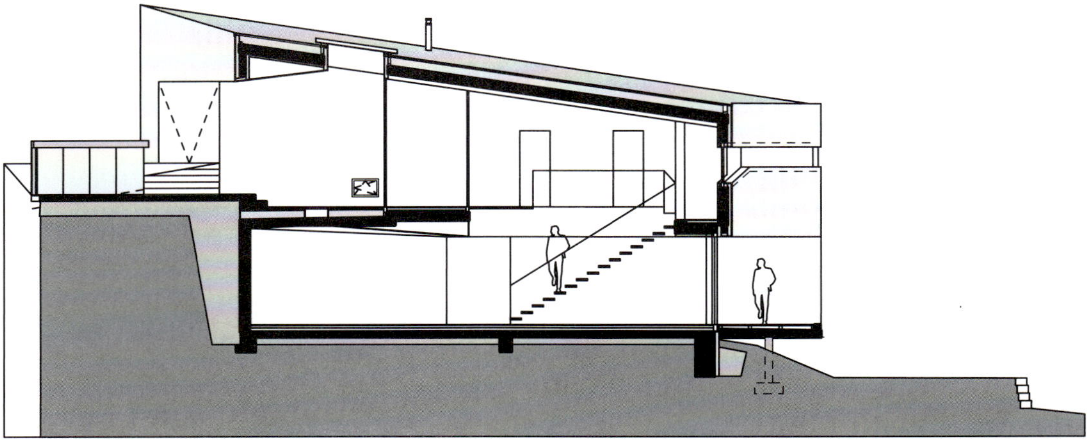

Schnitt von West nach Ost

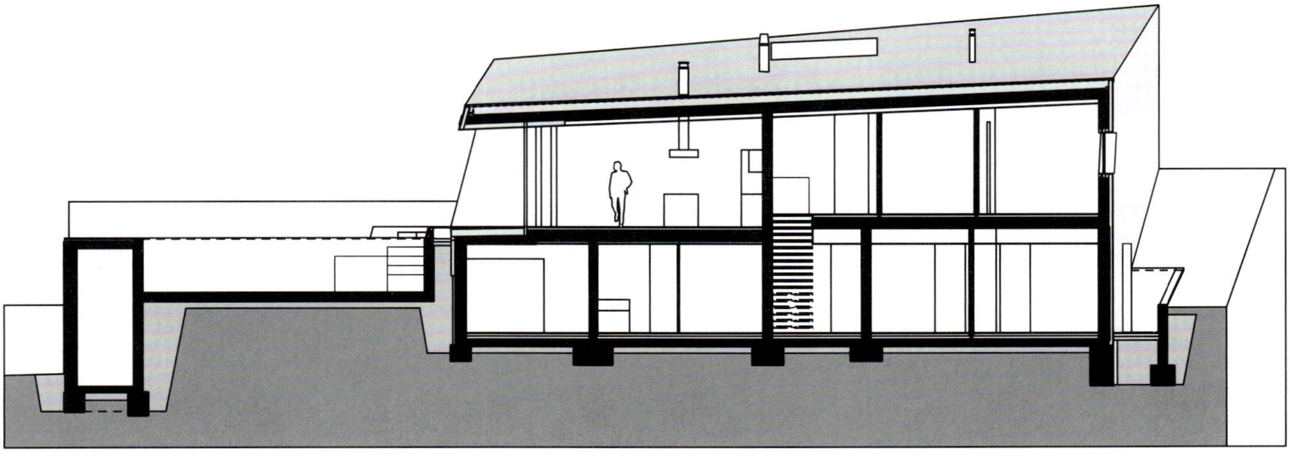

Schnitt von Süd nach Nord

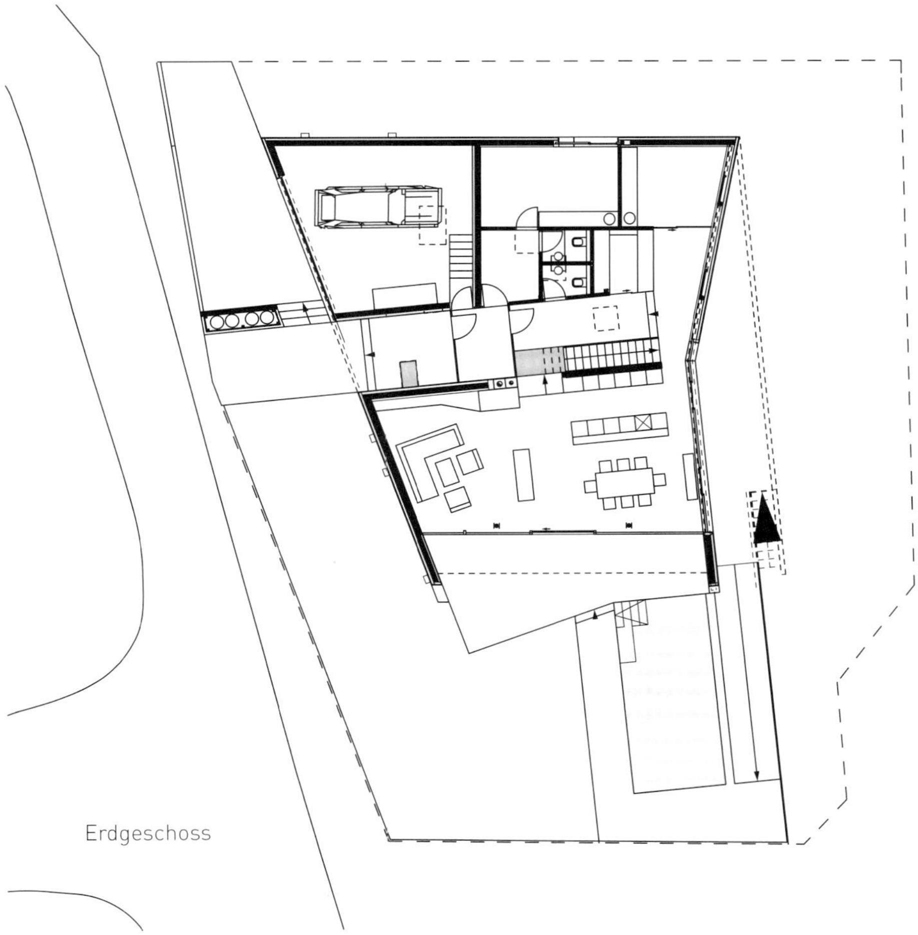

Erdgeschoss

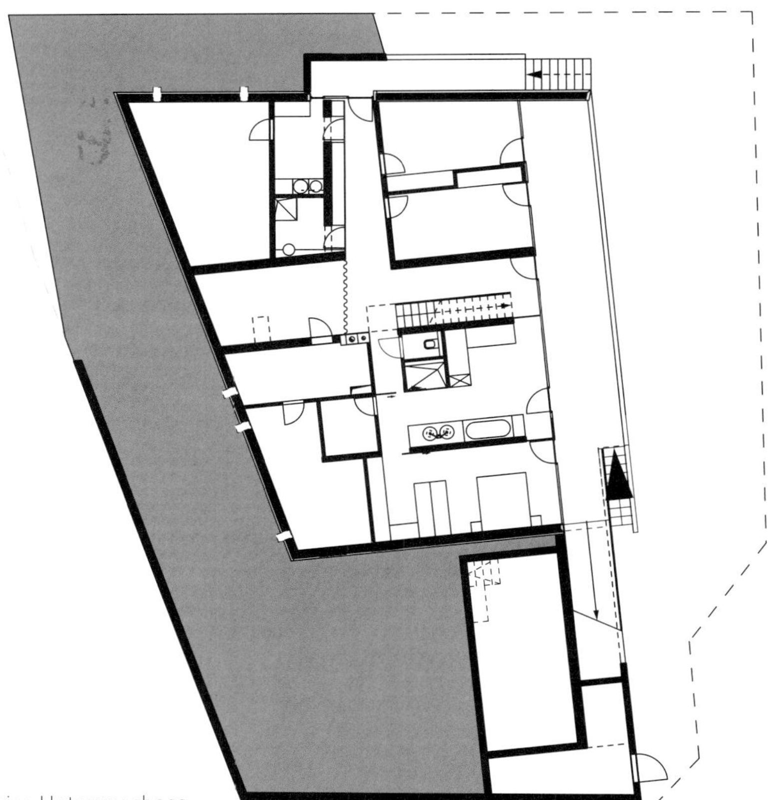

Grundriss Untergeschoss

DIE WEISSE PASSIVHAUS-VILLA MIT REPRÄSENTATIVEM INNENRAUM

Rongen Architekten, Wassenberg (Deutschland)

An großzügige moderne Wohnhäuser wird zumeist der Anspruch gestellt, dass ihre Architektursprache sowohl geradlinig als auch repräsentativ ist. Eine Villa lebt nicht zuletzt von einem außergewöhnlichen Raumgefühl, das kleinere Häuser auch bei noch so geschickter Ausnutzung des Platzes nicht bieten können. Das von Rongen Architekten geplante Anwesen überzeugt mit über 400 Quadratmetern Wohnfläche, einem großen Volumen und klarer Architektur in der Tradition der Klassischen Moderne, aber auch durch innovative Energietechnik.

Auf einem waldnahen, großen Grundstück grenzt sich die Villa mit ihrer nördlichen Längsseite zur Zufahrt und zur benachbarten Bebauung hin ab und stellt somit eine fast vollkommene Privatheit her. In weitgehend vorgefertigter Holzrahmenkonstruktion erstellt, hoch gedämmt ausgeführt und verputzt, vermittelt der ohnehin schon imposante Bau durch seinen strahlend weißen Anstrich zusätzliche visuelle Größe. Die streng symmetrische Gestaltung der Gartenfassade mit ihren großen Glasflächen wird durch zwei das Obergeschoss westlich und östlich abschließende Terrassenbereiche noch besonders hervorgehoben.

Den Besucher erwartet beim Eintreten durch den Eingangsbau keine Vorhalle, sondern vielmehr ein insgesamt hallenartiger, höchst imposanter Innenraum. Dieser erstreckt sich – die Freitreppe einschließend – von der Nord- bis zur Südfassade, vom Erdgeschoss bis zum Dach. Eine große Arbeitsgalerie fungiert als Verteiler für die im West- beziehungsweise im Osttrakt des Obergeschosses situierten Zimmer der beiden Kinder, denen jeweils ein eigenes Bad und eine eigene Terrasse zugeordnet ist. Den Großteil der Fläche auf der Eingangsebene nimmt – ergänzt durch Elternschlafzimmer, Gästezimmer sowie untergeordnete Funktionsbereiche – die zum Garten hin orientierte Wohn-, Ess- und Kochzone ein, die durch über zwei Geschosse hohe Glasflächen mit reichlicher Helligkeit und Sonnenwärme versorgt wird. Der dunkelrote Fußbodenbelag absorbiert zum einen unangenehmen Trittschall und Geräusche und sorgt zum anderen für eine visuell warme Grundstimmung – beides wichtige Aspekte, um den trotz der Größe des Hauses sehr warmen Charakter der Innenarchitektur nicht zu stören.

Links oben: Blick von der Galerie in den Wohn- und Essbereich

Rechte Seite: Ansicht der klar symmetrisch strukturierten Südfassade. Am westlichen und östlichen Ende des Obergeschosses die direkt von den Zimmern aus zugänglichen Loggia-Terrassen. Der vorgelagerte Pool kann mit der überschüssigen Energie, die das Haus in der Übergangszeit produziert, beheizt werden!

Gerade für ein Haus dieses Volumens mit dem entsprechenden Energiebedarf war es entscheidend, ein nachhaltiges und zukunftsfähiges Energiekonzept vorzusehen. Mit einem Heizwärmebedarf von nur 12 kWh/m² pro Jahr, also deutlich unter den Anforderungen für Passivhausstandard, ist dieses Vorhaben mehr als erreicht worden. Neben der optimalen Ausnutzung der durch die Glasscheiben eingestrahlten Sonnenwärme tragen dazu eine kontrollierte Wohnungslüftungsanlage mit Wärmerückgewinnung, eine Solarkollektoranlage zur Warmwasserbereitung und eine Photovoltaikanlage zur Stromerzeugung ihren Teil bei.

Links: Die großzügige Südverglasung eröffnet einen freien Blick über das Grundstück in den angrenzenden Wald.

Oben: Gegenschuss: Blick vom Wohnraum zum nordseitigen Eingangsbereich. Oben die Erschließungs- und Büchergalerie

BAUDATEN

Standort: Wasserberg/Nordrhein-Westfalen
Bauzeitraum: 2004–2005
Grundstücksfläche: ca. 1.800 m^2
Wohnfläche: 409 m^2
zuzüglich 31 m^2 Loggia im Obergeschoss
Umbauter Raum (BRI): 1465 m^3
Baukosten: keine Angaben

Unten links: Blick durch die Glasfuge zwischen dem eingeschossigen Eingangsbaukörper und dem zweigeschossigen Hauptbaukörper. Dank des hoch effizienten Energiekonzepts konnte in diesem Bereich auf eine Dreifachverglasung verzichtet und dennoch sehr guter Passivhausstandard erreicht werden!

Unten rechts: Blick vom Wohnbereich Richtung Essbereich/Küche. »Bullaugen« erlauben Durch- und Ausblicke von den Zimmern ins Erdgeschoss.

Oben links: Fit für die Zukunft: Die großzügig dimensionierte einläufige Treppe mit Stahlwangen-Konstruktion und einem dezidiert schlichten, unauffälligen Handlauf könnte bei Bedarf jederzeit seniorengerecht mit einem Treppenlift nachgerüstet werden.

Oben rechts: Blick entlang der Südfassade. Der Terrassenbelag besteht aus unbehandelten Lärchenholzdielen, die zum Teil bereits natürlich vergraut sind.

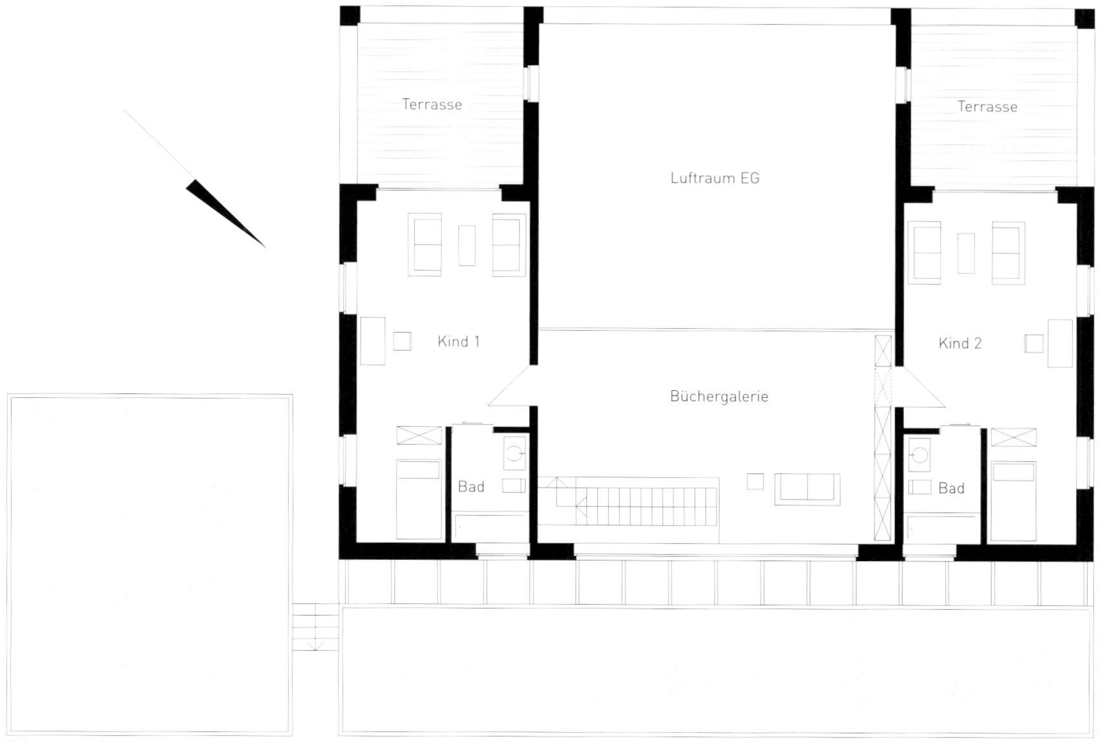

Obergeschoss

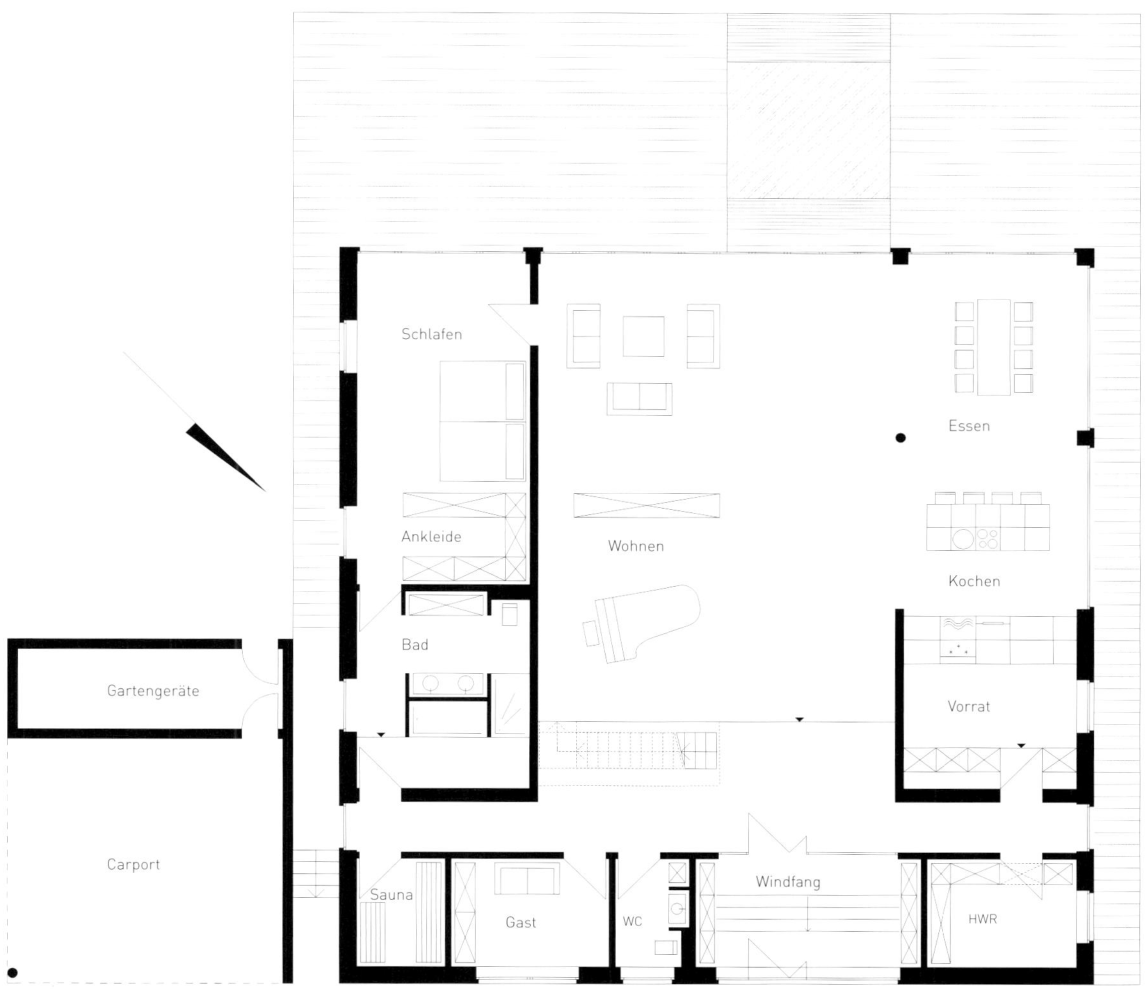

Grundriss Erdgeschoss

DAS EIGENHEIM ALS LOFT-ANBAU – ZUM LEBEN UND ZUM ARBEITEN

architekturbüro antel | antel/Irene und Christoph Antel, Neupischelsdorf (Österreich)

Häufig als kleine Lösung zur Vervollständigung oder Abrundung des Raumprogramms gewählt, kann eine bauliche Erweiterung – so wie im vorgestellten Beispiel – auch zum Hauptgebäude werden. Irene und Christoph Antel zeigen mit ihrem eigenen Wohn- und Büro-Anbau in landschaftsnaher, idyllischer Lage, wie dies perfekt funktionieren kann.
Ausgangspunkt des Neubaus war ein bestehendes kleines Satteldachhäuschen auf dem Land, das man aus Respekt vor der traditionellen Siedlungsstruktur erhalten wollte. Dessen insgesamt sehr geringe Wohnfläche ließ bei den Bauherren und Architekten den Entschluss reifen, darin nur Nebenräume für Haustechnik, Archiv und Werkstatt unterzubringen, während Wohnen und Arbeiten ausschließlich in dem Neubau stattfinden sollten. Verbindendes und erschließendes, aber auch trennendes Glied zwischen Alt und Neu sowie zwischen Wohn- und Bürobereich ist ein gemeinsamer Flur, der sich in einem Innenhof und der Terrasse mit Zugangszone fortsetzt.

Der Neubau ist eingeschossig ausgeführt und fügt sich so auch unauffällig in die umgebende Auenlandschaft ein. Da der nahe Bach manchmal über die Ufer tritt, ruht der Holzriegelbau auf Stützen und Punktfundamenten. Konzeptionell handelt es sich um einen großen Loft-Raum, in den boxenartig Raumzellen für das Bad und das Schlafzimmer hineingestellt wurden. Wohnen, Essen und Kochen finden im dazwischen liegenden offenen Bereich statt. Große Glasscheiben bieten allseitig schönste Ausblicke in die Landschaft und den Auenwald, die Lärchenholzschalung der Außenwände vervollständigt den engen Bezug der Architektur zur umgebenden Natur.

Links oben und rechte Seite: Die dem Wohnraum vorgelagerte Westterrasse ist überdacht und bietet durch die in das Dach integrierte Beleuchtung auch bei Nacht eine optimale Aufenthaltsqualität.

Oben: Der Bürobereich und der Wohnbereich sind durch einen in den Baukörper eingeschnittenen Lichthof voneinander getrennt. Großzügige Verglasungen erlauben Sichtbezüge zwischen beiden Bereichen.

Linke Seite unten: Die Bereiche gehen fließend ineinander über, der Küchenblock strukturiert den Raum. Die dunkle Möbeloberfläche bildet einen interessanten Kontrast zum Rotton des Bodens und zur Naturfarbe des Hauses.

Oben: Die Konzeption des Gebäudes als Holzhaus spiegelt sich auch in der Materialauswahl im Innenbereich wider: Fichtenholz ist sowohl als Wand- als auch als Deckenverkleidung eingesetzt worden. Die Nurglasfassade erlaubt Ausblicke in den Garten und die Umgebung.

BAUDATEN

Standort: Neupischelsdorf/Niederösterreich
Bauzeitraum: 2005–2006 (9 Monate)
Grundstücksfläche: ca. 3.600 m²
Wohnfläche Neubau: 142 m² zuzüglich 48 m² Nutzfläche Büro und 43 m² Terrassen
Umbauter Raum Neubau (BRI): 833 m³
Baukosten Neubau (gesamt brutto): 445.000 Euro

Rechte Seite oben:
Das Pavillon-Haus fügt sich durch seine Eingeschossigkeit, seine einfache Gestaltung und die Materialwahl unaufdringlich in die Auenlandschaft ein.

Rechte Seite unten:
Der Carport wird durch eine Stahlkonstruktion an das Haus gekoppelt. Unter dem großen Dach ist Platz für ein Auto und für einen Fahrradschuppen.

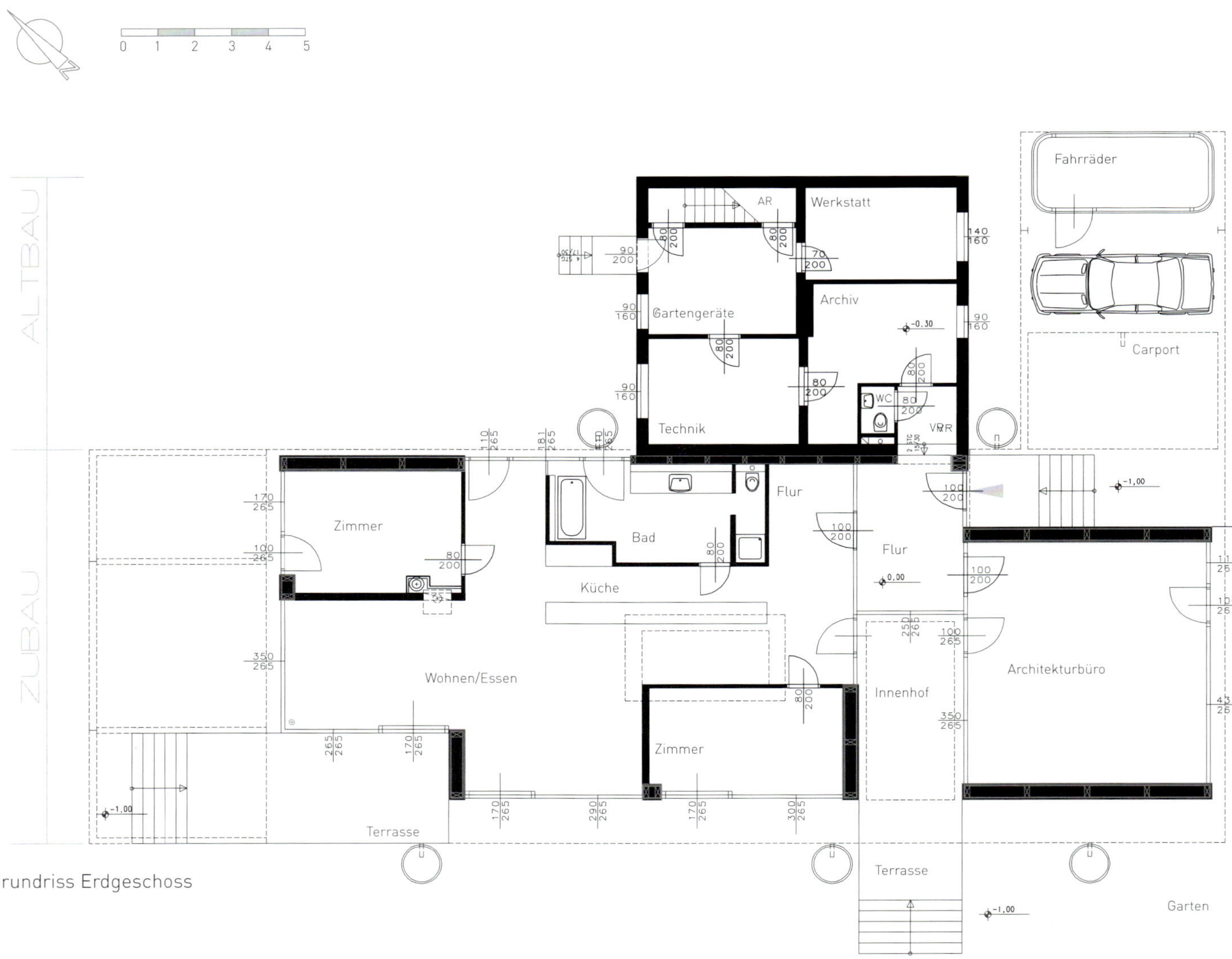

Grundriss Erdgeschoss

DAS FAMILIEN-HAUS MIT ZWEI GESICHTERN

Dallacorte + Völkle Architekten, Ermatingen (Schweiz)

Bauen auf dem Land, in diesem Fall in der Region des Bodensees, stellt an die Architektur wie auch an die Innen-Außen-Beziehungen hohe Ansprüche. Die bessere Alternative zu einer biederen, schlechten Kopie traditioneller Architektur ist sicherlich die hier gezeigte Variante eines zeitgemäß klaren und doch zum Umfeld geöffneten Bauwerks.
Als lang gestreckter grauer Kubus mit überaus klar strukturierten Fassaden zeigt sich das Haus der Familie Grüter eindeutig, aber keineswegs abweisend. Zur nach außen exponierten Westseite überwiegen zwar kleinere Fassadenöffnungen, jedoch flutet ansonsten durch große Glasflächen Licht in Fülle herein. Die strenge Geometrie passt bestens in die umgebende Wiesenlandschaft, Haus und Natur belassen sich jeweils ihren Eigenwert. Im Inneren überwiegt ohnehin lichte Offenheit und Durchgängigkeit – zumal im Obergeschoss, in dem Wohnen, Essen und Kochen gemeinsam stattfinden und sich durch eine in Richtung Bodensee ausgerichtete Dachterrasse nach draußen fortsetzen.

Ergänzt wird das Raumprogramm der oberen Etage durch den Elterntrakt mit Schlafzimmer und Bad. Das lebhaft farbig geflieste Kinderbad, die Zimmer der Kinder und die Büroräume sind im darunter gelegenen Eingangsgeschoss untergebracht. Ein mit seiner Holzverschalung gegenüber der Putzfassade des Hauptgebäudes deutlich abgesetzter Garagen-Anbau mit verbindender Brücke wirkt als visueller Puffer zwischen Eingangsbereich und Straßenraum.

Links oben:
Die Nordfassade zeigt sich höchst eindeutig, kommt mit wenigen Glasflächen aus und minimiert so die Wärmeverluste.

Rechte Seite:
Ansicht von Südosten. Die Südseite holt auf beiden Ebenen reichlich Sonne herein. Rechts der gestalterisch abgesetzte Garagenanbau, dessen Dachterrasse vom Wohnraum im Obergeschoss aus zugänglich ist.

Linke Seite beide: Auf der oberen Ebene teilen sich die Funktionen Kochen, Essen und Wohnen einen großzügigen Raum. Blickfang ist der dunkelrote, mit glänzenden Oberflächen versehene Küchenblock. Die Dachterrasse auf der Garage verlängert visuell den Innenraum nach draußen.

Rechts oben: Blick durch den Flur im Erdgeschoss

Rechts: Das Bad ist vom ebenso ungewöhnlichen wie gelungenen Farbkontrast anthrazit-orange geprägt.

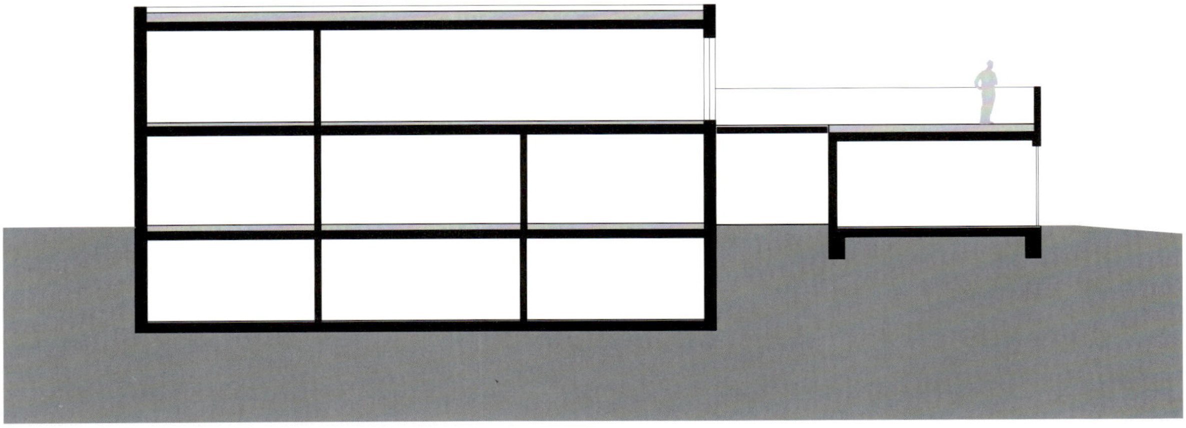

Schnitt

Ansicht von Süd-
westen

BAUDATEN

Standort: Altnau/Kanton Thurgau
Bauzeitraum: 2006 (8 Monate)
Grundstücksfläche: ca. 756 m²
Wohnfläche: 210 m²
zuzüglich 35 m² Terrassen
Umbauter Raum (BRI): 910 m³
Baukosten gesamt brutto: 395.000 Euro

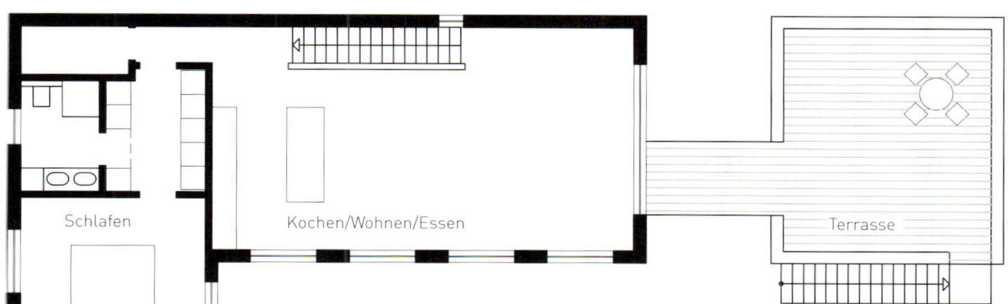

Grundriss Obergeschoss

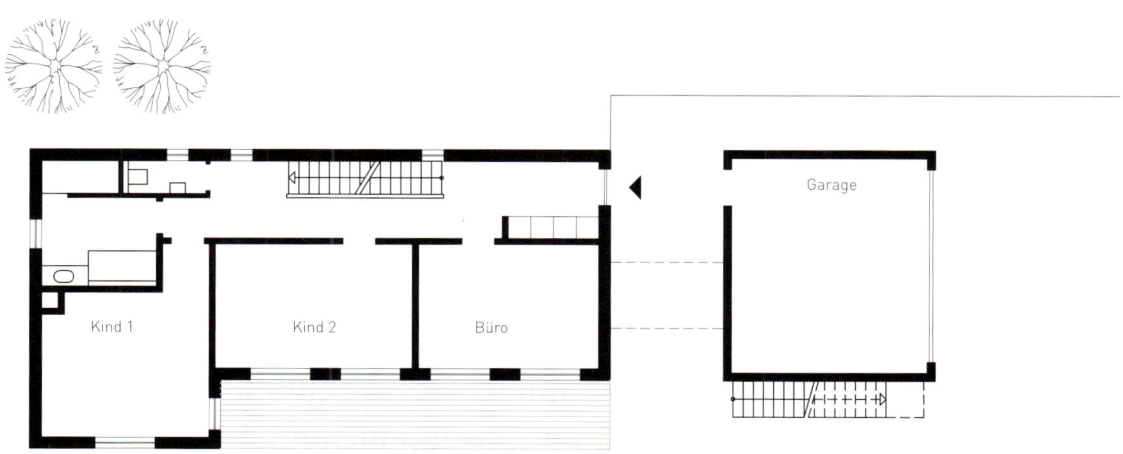

Erdgeschoss

ANHANG

ADRESSVERZEICHNIS

Der Autor steht für Leseranfragen
gerne zur Verfügung:
Thomas Drexel, Autor
und Architekturfotograf,
Tel./Fax 0821-6070874
thomas.drexel@t-online.de

IM ALLGEMEINEN TEIL DES BUCHS ERWÄHNTE ARCHITEKTEN UND PLANER

atelier-f architekten/Kurt Hauenstein
CH-7306 Fläsch
Telefon: 0041-(0)81-3301292
architektur@atelier-f.ch
www.atelier-f.ch

BackmannSchieberKchler Architekten
Brandenburgische Straße 86/87
D-10713 Berlin
Telefon: 030-86307130
mail@backmann-schieber.de
www.backmann-schieber.de

Bernardo Bader
Architekt
Steinebach 11
A-6850 Dornbirn
Telefon: 0043-(0)5572-207896
mail@bernardobader.com
www.bernardobader.com

Michael Becker
Architekt
Beethovenstraße 7
D-87435 Kempten/Allgäu
Telefon: 0831-5122000
kontakt@becker-architekten.net

Bembé Dellinger Architekten BDA
Im Schloss
D-86926 Greifenberg
Telefon: 08192-999912
mail@bembe-dellinger.de
www.bembe-dellinger.de

blauhaus architekten
Michael Hennig
Campestraße 10
D-90419 Nürnberg
Telefon: 0911-3937358
mail@blauhaus.de
www.blauhaus.net

Ulrich Brackhagen
Architekt
Veghestraße 11
D-48149 Münster
Telefon: 0251-922304
info@brackhagen-architekten.com
www.brackhagen-architekten.com

Shirin und Uwe Brückner
Quellenstraße 5
D-70376 Stuttgart
Telefon: 0711-50007770
kontakt@atelier-brueckner.de

Dalla Corte + Völkle Architekten
Bahnhofstraße 20 a
CH-8272 Ermatingen
Telefon: 0041-(0)71-6666500
info@dallacorte.ch
www.dallacorte.ch

Deppisch Architekten
Michael Deppisch
Obere Hauptstraße 26
D-85354 Freising
Telefon: 08161-141997
mail@deppischarchitekten.de
www.deppischarchitekten.de

Dietrich | Untertrifaller Architekten
Arlbergstraße 117
A-6900 Bregenz
Telefon: 0043-(0)5574-78888
arch@dietrich.untertrifaller.com
www.dietrich.untertrifaller.com

Wieland Egger
K+H Architekten
Johannesstraße 23
D-70176 Stuttgart
Telefon: 0711-666080
www.kh-architekten.de

Walter Engl
Römerweg 14
A-4971 Aurolzmünster
Telefon: 0043-(0)7752-85901
walter.engl@aon.at

Rolf Ennulat
Architekt
Unterer Riegersbach 12
D-88138 Hergensweiler
Telefon: 08388-982331

Walter Felder
Architekt
Färbergasse 15/Gelb 24
A-6850 Dornbirn
Telefon: 0043-(0)5572-554560
w.felder@architekturbuero-efg.at

Sebastian Geiger
Architekt
Memminger Straße 2
D-87773 Pless
Telefon: 08335-986666
architekt-geiger-pless@t-online.de
www.architekt-geiger.de

Gerharz + Gerharz Architekten u. Ingenieure
Architekt Sascha Gerharz
Arzbacher Str. 77
D-56130 Bad Ems
Telefon: 02603-96060
gerharz-gerharz@t-online.de
www.gerharz-gerharz.de

Grabow Klause Architekten
Volker Grabow und Wolfgang Klause
Mathildenstraße 18
D-80639 München
Telefon: 089-171810
architekten@grabow-klause.de
www.grabow-klause.de

Rainer Graf
Architekt
Hoher Rain 15
D-72810 Gomaringen
Telefon: 07072-912993
info@architekt-rainergraf.de
www.architekt-rainergraf.de

Michael Hamm
Architekt
Wielandweg 8
D-89584 Ehingen/Donau
Telefon: 07391-52421
info@architekt-hamm.de
www.architekt-hamm.de

Joachim Heinzmann
Architekt
Karlsbergallee 6
D-14089 Berlin

Hicker Architekten
Kolpingstraße 12
D-86316 Friedberg
Telefon: 0821-601224
info@hicker-architekten.de
www.hicker-architekten.de

Imhof Architekten
Monika Imhof-Dorn und Eugen Imhof
CH-6060 Sarnen
Telefon: 0041-(0)41-6607775
imhofarchitekten@bluewin.ch

Ivano Iseppi
Architekt
Cäsar
Postfach 20
CH-7430 Thusis
Telefon: 0041-(0)81-6510440
iseppi@iseppiarchitekt.ch
www.iseppi-urbanplus.ch

Ernst Michael Jordan
Architekt
Am Hartfeld 8
A-4300 St. Valentin
Telefon: 0043-(0)7435-58706
office@jordan-solar.at
www.jordan-solar.at

Andreas Karlsreiter
Architekt
Intenham 40
A-4064 Kirchberg-Thening
Telefon/Telefax: 0043-(0)7221-64190
andreas.karlsreiter@gmx.at

kubusRot Architekten/Jakob Oberwalder
Millergasse 13
A-1060 Wien
Telefon: 0043-(0)1-5956227
www.kubusrot.at

Bernhard Landbrecht
Architekt
Isabellastraße 13/III
D-80798 München
Telefon: 089-2732170

löhle-neubauer architekten BDA
Dominikanergasse 7
D-86150 Augsburg
Telefon: 0821-3490949
info@loehle-neubauer.de
www.loehle-neubauer.de

Architekturbüro [lu:p]
Renée Lorenz
Ringstraße 21
D-96271 Grub am Forst
Telefon: 09560-8122
info@lu-p.de
www.lu-p.de

may.schurr.architekten
Jochen Schurr
Robert-Bosch-Straße 1a
D-86825 Bad Wörishofen
Telefon: 08247-90457
www.mayschurr.de

Thomas Metzler
Architekt
Lussistraße 7a
CH-8536 Hüttwilen
Telefon: 0041-(0)52-7400881
E-mail: metzler@bauatelier-metzler.ch
www.bauatelier-metzler.ch

Theodor Merk
Architekt
Höllgasse 5
D-89361 Glöttweng
Telefon: 08282-9908346
theodor.merk@stbkru.bayern.de

mrb architekten
Mühl Rinkes Baur
Thalkirchner Straße 210
D-81371 München
Telefon: 089-24244607
office@mrb-architekten.de
www-mrb-architekten.de

Noichl und Blüml Architekten
Angelika Blüml und Klaus Noiuchl
Am Dummelsmoos 41
D-87561 Oberstdorf
Telefon: 08322-966620
info@noichl-blueml.de

Andreas Petermann
Architekt
Am Breitle 2 a
D-86156 Augsburg
Telefon: 0821-2401837
info@andreaspetermann.de
www.andreaspetermann.de

ppag architects zt gmbh
Anna Popelka & Georg Poduschka
Gumpendorferstraße 65
A-1060 Wien
Telefon: 0043-(0)1-58744710
www.ppag.at

rolf + hotz Architekten
Matthias Hotz
Halle 8
Basler Straße 55
D-79100 Freiburg
Telefon: 0761-7051417
hotz@rolf-hotz.de
www.rolf-hotz.de

Architekturbüro Ulrich Rumstadt
im Pferseer Schlössle
Stadtberger Straße 21
D-86157 Augsburg
mail@rumstadt-architekt.de
www.rumstadt-architekt.de

Thorsten Ruppe
Architekt
Lindenspürstraße 38 b
D-70176 Stuttgart
Telefon: 0711-3056234
mail@ruppearchitekten.de

Regina Schineis
Architektin
Telefon: 0821-1598155
buero@schineis.com
www.schineis.com

Schneider | Architekten BDA
Hutneck 2
D-78112 St. Georgen
Telefon: 07724-948280
info@schneider-architekturbuero.com
www.schneider-architekturbuero.com

Joachim Schwarzenberg
Architekt
Martin-Luther-Straße 11
D-60316 Frankfurt am Main
Telefon: 069-4960096
architekten@joachim-schwarzenberg.de
www.joachim-schwarzenberg.de

Dietrich Stähler-May
Architekt
Freibadstraße 11
D-81643 München
Telefon: 089-65308794
peter.st-m@gmx.de

Ronald Stattmann
Architekt
Königsberger Straße 136
D-48157 Münster
Telefon: 0251-2150365
ronaldstattmann@hotmail.com

Richard Stihler
Architekt
Holderweg 10
D-77933 Lahr
Telefon: 07821-956432
www.rst-architekten.de

Stumpf + Wolfinger Architekten
Annastraße 12
Stumpf + Wolfinger Architekten
D-86150 Augsburg
Telefon: 0821-3463400
info@stumpf-wolfinger.de
www.stumpf-wolfinger.de

Walter Unterrainer
Architekt
Marktgasse 17
A-6800 Feldkirch
Telefon: 0043-(0)5522-74684
office@architekt-unterrainer.com
www.architekt-unterrainer.com

Gernot Vallentin
Architekt
Am Marienstift 12
D-84405 Dorfen
Telefon: 08081-955746
info@vallentin-architektur.de
www.vallentin-architektur.de

Walbrunn Grotz Architekten

Grotz Architekturbüro
Ralf Grotz
Lange Zeile 19
D-85435 Erding
Telefon: 08122-93041
mail@grotz-architekturbuero.de

Walbrunn Architekten
Emling 7 b
D-85461 Bockhorn bei Erding
Telefon: 08122-18399
walbrunn.architekt@T-Online.de

Architekturbüro Armin Walch
Alexander Wasle
Telefon: 0043-(0)5262-64114/(0)5672-642420
archbuero@walch.co.at
www.walch.co.at

wellmann ladinger architekten
Mehrerauer Straße 3
A-6900 Bregenz
Telefon: 0043-(0)699-17888843
office@wellmann-ladinger.com

Sampo Widmann
Architekt
Liebigstraße 6 d
D-80538 München
sampowidmann@arcor.de
www.sampowidmann.de

Petra Wiesner-Molitor
Architektin
Langeller 9
D-97769 Bad Brückenau
Telefon: 09741-938974
info@wiesner-molitor.de
www.wiesner-molitor.de

IM PROJEKTTEIL VERTRETENE ARCHITEKTEN

Architekturbüro antel | antel
Irene und Christoph Antel
A-2435 Neupischelsdorf
Telefon/Telefax: 0043-(0)2234-72982
antel@aon.at
www.antel.at

Bembé Dellinger Architekten BDA
Im Schloss
D-86926 Greifenberg
Telefon: 08192-999912
mail@bembe-dellinger.de
www.bembe-dellinger.de

Dalla Corte + Völkle Architekten
Bahnhofstraße 20 a
CH-8272 Ermatingen
Telefon: 0041-(0)71-6666500
info@dallacorte.ch
www.dallacorte.ch

Gerhard Fischill
Architekt
Tobersbergerweg 6 a
A-4040 Linz
Telefon: 0043-(0)732-221338
office@fischill-architekt.at
www.fischill-architekt.at

löhle-neubauer architekten BDA
Dominikanergasse 7
D-86150 Augsburg
Telefon: 0821-3490949
info@loehle-neubauer.de
www.loehle-neubauer.de

Oliver Rapp
Architektur & Möbelbau
Kirchheimer Straße 63
D-70619 Stuttgart
www.oliverrapp.de

Ludwig Rongen/Rongen Architekten GbR
Propsteigasse 2
D-41849 Wassenberg
Telefon: 02432-3094
www.rongen-architekten.de

Stumpf + Wolfinger Architekten
Annastraße 12
D-86150 Augsburg
Telefon: 0821-3463400
info@stumpf-wolfinger.de
www.stumpf-wolfinger.de

x architekten ZT KEG
Industriezeile 36/4
A-4020 Linz
Telefon: 0043-(0)732-791607
www.xarchitekten.at

ADRESSEN BERATUNG UND FÖRDERUNG

Bayerische Architektenkammer (BYAK)
www.byak.de

Bundesamt für Energie (BFE) (Schweiz)
www.bfe.admin.ch

Bundesamt für Umwelt (BAFU) (Schweiz)
www.bafu.admin.ch

Bundesamt für Wirtschaft und Ausfuhrkontrolle (BAFA)
(Bauförderungen)
www.bafa.de

Fachagentur Nachwachsende Rohstoffe e.V. (FNR)
(Bauförderungen)
Hofplatz 1
18276 Gülzow
Telefon 03843-69300
www.fnr.de

Kreditanstalt für Wiederaufbau (KfW)
www.kfw-foerderbank.de

UmweltBank Nürnberg
u.a. vergünstigte Finanzierungen für nachhaltiges Bauen
Laufertorgraben 6
D-90489 Nürnberg
Telefon: 0911-5 30 81 05
www.umweltbank.de

Versandservice Verbraucherzentrale Bundesverband
Postfach 1116
D-59930 Olsberg
Telefon: 02962-90 86 47
E-mail: versandservice@vzbv.de
www.vzbv.de
Verbraucherinformationen zu unterschiedlichen Themen, u.a. zum kostengünstigen Bauen

www.bauarchiv.de
insbesondere www.bauarchiv.de/neu/baurecht/_baugenehmigung.htm
umfassende Website zu den verschiedensten Bau- und Architekturthemen, unter anderem zum Thema Bauen + Geld (Baukosten, Honorarabrechnung, Fördermittel etc.)

www.baudoc.ch
Informationen zu verschiedensten Bauthemen in der Schweiz

www.bauen.de
Tipps und Hilfe unter anderem zu den Themen Finanzierung, Rechtsfragen und Vertragsgestaltung, Folgekosten, Baugeld-ABC und Finanzierungslexikon

www.baufoerderer.de
Beratungsforum für Bauherren (Baufinanzierung, Bauberatung, Baurecht, Baurechner für Fördermöglichkeiten etc.)

www.baulinks.de
Webside mit zahlreichen Links zu Bezugsadressen für Baumaterial/Baustoffe, Preisangaben für Bauleistungen, Baukosten-Rechenmodelle zur Baukostenschätzung und Förderdatenbank

www.bau.net
insbesondere www.bau.net/forum/planung/
inklusive Frage- und -Antwort-Forum für Bauherren

www.bauordnung.at
Verzeichnis der Bauordnungen der deutschen Bundesländer, der österreichischen Bundesländer und der Schweizer Kantone

www.baurechtscentrum.de
Vertragsmuster- und Vorlagensammlung, Bauherrentipps, Gesetze und Verordnungen zum (kostenpflichtigen) Downloaden

www.bnotk.de
(Webside der deutschen Bundesnotarkammer)

www.Boris.NRW/www.Boris-plus.NRW

www.bundderversicherten.de

www.energyagency.at/esf/index.htm
Webside mit Link zu Energiesparförderungen und Energieberatung in ganz Österreich, mit Verzeichnis der Ansprechpartner auf Bundes- und Landesebene

www.foerdermittelauskunft.de
Webside über verfügbare Bau-Fördermittel

www.heimwerker-webverzeichnis.de
u. a. zahlreiche Arbeitsanleitungen und Informationen zu nahezu allen Aufgaben beim Hausbau

www.help.gv.at
Behördenübergreifende Plattform zu Amtswegen in Österreich – in der Rubrik ‚Bauen' u.a. Informationen zu Baurecht und Bauordnung, Vorbereitung des Hausbaus, finanziellen Förderungen und Beihilfen

www.immowelt.de
Webside zum Thema Bauen und Immobilienerwerb

www.minergie.ch
Webside zum Schweizerischen Minergie-Label

www.oekostest.de
Sehr empfehlenswerte Homepage auch zu den Themen Bauen, Wohnen, Renovieren sowie zu Förder- und Zuschussmöglichkeiten (www.fdb.oekotest.de).
Aktuelle Testberichte über Baumaterialien und Produkte am Bau und im Wohnbereich finden sich darüber hinaus im Öko-Test-Magazin sowie in regelmäßig erscheinenden Öko-Test-Sonderheften.

www.solarfoerderung.de
Informationen über verfügbare Solar-Fördermittel

www.verbraucherzentrale-energieberatung.de

ADRESSEN BAUMATERIALIEN/ BAUPRODUKTE

accent Kamine
In der Zikkurat
D-53894 Firmenich
Telefon: 02256-950059
accent-kamine@t-online.de
www.accent-kamine.de

AURO Pflanzenchemie Aktiengesellschaft
Alte Frankfurter Straße 211
D-38122 Braunschweig
Telefon: 0531-281410
www.auro.de

Baustoff-Zentrum Olching GmbH
J.-G.-Gutenberg-Straße 16
D-83140 Olching
Telefon 08142-4190
kontakt@bzo-olching.de

Beeck'sche Farbwerke
Beeck GmbH & Co. KG
Postfach 810 224
D-70519 Stuttgart
Telefon: 0711-900200
www.beeck.de

Betonwerk Büscher GmbH
(Betonfertigteile)
Hofkamp 34
D-48599 Gronau-Epe
Telefon: 02565-14 22

CLAYTEC e. K.
Nettetaler Straße 113
D-41751 Viersen
Telefon: 02153-9180
sevice@claytec.com
www.claytec.com

Creaton AG
Dillinger Straße 60
D-86637 Wertingen
Telefon: 08272-860
vertrieb@creaton.de
www.creaton.de

Dornbracht
Aloys F. Dornbracht GmbH & Co. KG
Köbbingser Mühle 6
D-58640 Iserlohn
Telefon: 02371-4330
info@dornbracht.de
www.dornbracht.com/de/

Duravit AG
Werderstraße 36
D-78132 Hornberg
Telefon:07833-700
info@duravit.de
www.duravit.de

Ecotec Naturfarben GmbH
Kalkofenweg 2
D-58513 Lüdenscheid
Telefon: 02351-95395
info@volvox.de
www.volvox.de

FSB – Franz Schneider Brakel
GmbH + Co KG
Nieheimer Straße 38
D-33034 Brakel
Telefon: 05272-6080
www.fsb.de

GUTEX Holzfaserplattenwerk
H. Henselmann GmbH + Co. KG
Gutenburg 5
D-79761 Waldshut-Tiengen
Telefon: 07741-60990
www.gutex.de

Albrecht Jung GmbH & Co. KG
Volmestraße 1
D-58579 Schalksmühle
Telefon: 02355-8060
mail.info@jung.de
www.jung.de

KEIMFARBEN GmbH & Co. KG
Keimstraße 16
D-86420 Diedorf
Telefon: 0821-48020
www.keimfarben.de

Keramag
Keramische Werke Aktiengesellschaft
Kreuzerkamp 11
D-40878 Ratingen
Telefon: 02102-9160
E-mail: info@keramag.de
Homepage: www.keramag.com; www.keramag.de

Konak Kunststoffverarbeitung
(Anbieter Textilvlies für Fassade)
Lerchenfeldstraße 15
A-6890 Lustenau
ahmet.kocagozeli@aon.at
www.konak-netze.com

Schreinerei Ulrich Lang
Gewerbering 12
D-86944 Unterdiessen
Telefon 08243-960371

LEINOS
eine Marke der Reincke Naturfarben GmbH
Rudolf-Diesel-Straße 4
D-21614 Buxtehude
Telefon: 04161-87549
info@leinos.de
www.leinos.de

Lignatur AG
CH-9104 Waldstatt
Tel. 0041-(0)71 353 04 10
info@lignatur.ch
www.lignatur.ch

LIGNOTREND Produktions GmbH
Landstrasse 25
D-79809 Weilheim-Bannholz
Telefon 07755-92000
inf@lignotrend.com
www.lignotrend.de

LIVOS Pflanzenchemie GmbH und Co. KG
Auengrund 10
D-29568 Wieren
Telefon: 05825-880
info@livos.de
www.livos.de

Lütkenhaus Hochbau, Stahlbetonbau GmbH
(Betonfertigteile)
Börnste 64
D-48249 Dülmen
Telefon: 02594-9 40 20

MARBURGER TAPETENFABRIK
J.B. Schaefer GmbH & Co. KG
Bertram-Schaefer-Strasse 11
35274 Kirchhain
Telefon: 06422 / 81 – 0
contact@marburg.com
www.marburg.com

Fa. Marwilit
Rita Bunke
(Trapezbleche, Faserzement-Wellplatten, Polycarbonatplatten etc.)
Heinrich-Haanen-Straße 16
Gewerbegebiet Heidenfeld
D-41334 Nettetal
Telefon: 02153-95 21 12 oder 02153-91 16 68
burita@t-online.de

Osmo Holz und Color GmbH & Co.
www.osmo.de

Fa. Parkett Mahl Linde Mahl
Fasanenweg 1
86551 Aichach
Telefon 08251-4988
www.parkett-mahl.de

Paratex GmbH
Wangener Straße 58
D-88299 Leutkirch
Telefon: 07561-98550
www.paratex.de

Poroton
Kochstraße 6–7
D-10969 Berlin
Telefon: 030-25 29 44 99
mail@poroton.org
www.poroton.org

Sägewerk Baumüller GmbH
Ottomühle 4
D-86438 Kissing
Telefon 08233-5539

SKANTHERM GmbH & Co. KG
Lümernweg 188 a
D-33378 Rheda-Wiedenbrück
Postfach 2343
D-33351 Rheda-Wiedenbrück
Telefon: 05242-93 810
www.skantherm.de

Steinberg - Armaturen GmbH
Schiess Straße 30
D-40549 Düsseldorf
Telefon: 0211-5202490
info@steinberg-armaturen.de
www.steinberg-armaturen.de

Teknobili/Nobili S.P.A
www.teknobili.it

Tonwerk Lausen AG
Hauptstraße 74
CH-4415 Lausen
Telefon: 0041-(0)61-9279555
info@twlag.ch
www.twlag.ch

VIA GmbH
Almut Lager, Norbert Kummermehr
Schiefermahlwerk
D-56349 Kaub am Rhein
Telefon: 06774-9181880
info@zementmosaikplatten.de
www.zementmosaikplatten.de

Vieler International Gmbh + Co. KG
Breslauer Straße 34
D-58642 Iserlohn
Telefon: 02374-520
info@vieler.com
www.vieler.net

Villeroy & Boch AG
Hauptverwaltung
Postfach 1120
D-66688 Mettlach
Telefon: 06864-810
www.villeroy-boch.com

VOLA
Homepage: www.vola.dk
Vertrieb Deutschland:
VOLA GmbH
Telefon: 089-5999590
E-mail: vola@vola.de
Vertrieb Schweiz:
VOLA AG
Telefon: 044-9551818
sales@vola.ch
Vertrieb Österreich:
VOLA Vertriebs GmbH
Telefon: 01-52639710
sales@vola.at

WIKING
Kaminöfen (in Deutschland u.a. über BAUHAUS)
Nydamsvej 53
DK-8362 Hørning
Telefon: 0045-87682003/0045-87682002
info@wiking.com
www.wiking.com

ADRESSEN INNENAUSSTATTUNG/ EINRICHTUNG

Artemide Deutschland
Zentrale und Showroom
Hans-Böckler-Straße 2
D-58730 Fröndenberg
Postfach 1164
58717 Fröndenberg
Telefon: 0049-(0)2373/975-0
vertrieb@artemide.de
www.artemide.de

B&B Italia Spa
Strada provinciale 32
I-22060 Novedrate (CO)
Telefon: 0039-031-795111
www.bebitalia.it

BELUX AG
Klünenfeldstraße 20
CH-4127 Birsfelden
Telefon: 0041-(0)61-3167401
belux@belux.com
www.belux.com
Belux Deutschland:
Telefon: 07621-161607401
deutschland@belux.co

Rolf Benz AG & Co. KG
Haiterbacher Straße 104
D-72202 Nagold
Telefon: 07452-6010
info@rolf-benz.com
www.rolf-benz.com

BoConcept Germany GmbH
Vennhauser Allee 280
D-40627 Düsseldorf
Telefon: 0211-9296760
germany@boconcept.com
www.boconcept.de; www.boconcept.com

Bulthaup GmbH & Co. KG
Aich/Werkstraße 6
D-84155 Bodenkirchen
Telefon: 01802-212534
www.bulthaup.de

Cassina S.p.A.
Via Busnelli, 1
I-20036 Meda (Milano)
Telefon: 0039-036-23721
info@cassina.it
www.cassina.it

Catellani & Smith S.R.L
Zentrale und Vertrieb:
Via Antonio Locatelli, 47
I-24020 Villa di Serio (BG)
Telefon: 0039-035-656088
Show-room:
Via Palma il Vecchio, 3
I-24122 Bergamo
Telefon/Fax: 0039-035-210193
La Casa della Luce:
Via Ventura, 5
I-20134 Milano
info@catellanismith.com
www.catellanismith.com

ERCO Leuchten GmbH
Postfach 2460
D-58505 Lüdenscheid
Brockhauser Weg 80–82
D-58507 Lüdenscheid
Telefon: 02351-5510
info@erco.com
www.erco.com

flexform spa
industria per l'arredamento
Via Einaudi 23/25
I-20036 Meda (MI)
Telefon: 0039-0362-3991
info@flexform.it
www.flexform.it

Fritz Hansen A/S
Allerødvej 8
DK-3450 Allerød
Telefon: 0045-48172300
www.fritzhansen.com

Innovation Randers A/S
Blommevej
DK-8900 Randers
Telefon: 0045-86438211
mail@inno.dk
www.inno.dk

WALTER KNOLL AG & Co. KG
Bahnhofstrasse 25
D-71083 Herrenberg
Telefon: 07032-2080
info@walterknoll.de
www.walterknoll.de

Kartell
www.kartell.it

Lambert GmbH/Gunther Lambert
Konstantinstraße 303
D-41238 Mönchengladbach
Tel. 02166-8683-0
office@lambert-home.de
www.lambert-home.de

Leccor Leuchten GmbH
Daimlerstraße 73
D-74545 Michelfeld
Telefon: 0791-47077
info@leccor.de
www.leccor.de

ligne roset
Roset Möbel GmbH
Industriestraße 51
D-79194 Gundelfingen/Freiburg
Telefon: 0761-592090
epost@ligne-roset.de
www.ligne-roset.de

Luceplan
Via E.T. Moneta,46
I-20161 Milano
Telefon 0039-02662421
info@luceplan.com
www.luceplan.com
Luceplan Deutschland:
Prenzlauer Allee 39
D-10405 Berlin
Telefon: 030-4433840
luceplan_de@luceplan.com

Maxdesign SRL
Via dei Banduzzi, 75
I-33050 Bagnaria Arsa (Udine)
Telefon: 0039-0432-996412
www.maxdesign.it

Moroso Spa
Via Nazionale, 60
I-33010 Cavalicco (Udine)
Telefon: 0039-0432-577111

Louis Poulsen & Co. GmbH
Westring 13
D-40721 Hilden
Telefon: 02103-9400
lp-germany@lpmail.com
www.louis-poulsen.de

Regent Beleuchtungskörper AG
Dornacherstrasse 390
CH-4018 Basel
Telefon: 0041-(0)61-3355111
info.bs@regent.ch
www.regent.ch

Ribag Licht AG
Kesslerstraße 1
CH-5037 Muhen
www.ribag-licht.com

Thonet GmbH
Michael-Thonet-Straße 1
D-35066 Frankenberg (Eder)
Telefon: 06451-5080
info@thonet.de
www.thonet.de

Vitra AG
Klünenfeldstraße 22
CH-4127 Birsfelden
Telefon: 0041-(0)61-3770000
info@vitra.com
www.vitra.com

LITERATUR

Max Aue, Frank von Berger u.a., Knaurs Gartenbuch, München 2004

Bayerische Architektenkammer und Oberste Baubehörde im Bayerischen Staatsministerium des Innern: Barrierefreies Bauen, 3. Bände, Band 1, München 2001

Ursula Baus und Klaus Siegele, Holzfassaden, Konstruktion, Gestaltung, Beispiele, München 2006

Ursula Baus und Klaus Siegele, Holztreppen, Konstruktion, Gestaltung, Beispiele, München 2001

Ursula Baus und Klaus Siegele, Sichtbeton, Konstruktion, Architektur, Detail, München 2007

Frances D. K. Ching, Bildlexikon der Architektur, Frankfurt a. M. - New York 1996

Sacha Cohen, Das praktische Handbuch der Maltechniken, Schritt für Schritt zum schönen Wohnen, München 2005

Jane Cumberbatch, Pure Style, Die Kunst des Einfachen, Köln 1997

Thomas Drexel, Low Budget, Wohnhäuser unter 200.000 Euro, 3. Auflage, München 2007

Thomas Drexel, Lowest Budget, Häuser unter 125.000 Euro, München 2007

Thomas Drexel, Die neuen Öko-Häuser, Kostengünstig und zeitgemäß, München 2004

Thomas Drexel, Top 100 Häuser, Preiswert, individuell, zeitlos, 3. Auflage, München 2007

Thomas Drexel, 50 Wohlfühlhäuser, Wohnen mit allen Sinnen, München 2008

Thomas Drexel, Wohnen mit Kindern, Taunusstein 2007

Thomas Drexel, Wohnideen für Kinder, von der Geburt bis zum Schulbeginn, Taunusstein 2008

Peter Faller und Eberhard Wurst (Hg.), Der Wohngrundriss, München 2002

Mechtild Friedrich-Schoenberger, Holzarchitektur im Detail, Konstruktion und Design moderner Einfamilienhäuser, München 2003

Karl Christian Heuser, Innenarchitektur und Raumgestaltung, Band 1, 3. Auflage, Wiesbaden und Berlin 1983; Band 2, 2. Auflage, Wiesbaden und Berlin 1981

Johannes Klinger, Farbe und Licht: Eine neue Innenarchitektur, München 2007

Achim Linhardt, Energieeinsparverordnung für jedermann, München 2005

Cat Martin, Enzyklopädie Innendekoration, übertragen aus dem Englischen von Wolfgang Beuchelt und Brigitte Rüßmann, Köln 2007

Ulrich Reitmayer, Holzfenster, Stuttgart 1980

Ulrich Reitmayer, Holztreppen in handwerklicher Konstruktion, 5. Auflage, Stuttgart 1998

Ulrich Reitmayer, Holztüren und Holztore, Stuttgart 1997

Claudia Weil und Thomas Weil, Ornament in Architektur, Kunst und Design, München 2004

Elizabeth Wilhide, Leuchten, Licht, Effekte,München 2007

BILDNACHWEIS

Archiv Architekten: Seite 154–159, 166–170
Thomas Drexel, Friedberg/Bayern: Seite 4–99, 104–153, 160–165, 172–176, 184–188
Alexander Koller, Wien: Seite 178–183
Marburger Tapetenfabrik: Seite 102–103
Osmo: Seite 100–101

Die Pläne und Zeichnungen stammen von den jeweils genannten Architekten.

HINWEIS

Alle Angaben in diesem Buch wurden sorgfältig recherchiert und geprüft, sind aber ohne Gewähr.

DANK

Der herzliche Dank des Autors gilt allen Eigentümern und Architekten der im Buch vorgestellten Häuser, deren Mitarbeitsbereitschaft und teils auch ganz praktische Gastfreundschaft das Gelingen des Buches erst möglich gemacht haben. Susanne Ebersberger besorgte das wiederum ausgesprochen gelungene Layout. Der Programmleiter Roland Thomas brachte das Projekt zusammen mit dem Autor auf den Weg und hielt die Fäden erfolgreich in der Hand. Marc Schmid gilt der Dank für sein sorgfältiges Lektorat. Architektin Christine Degenhardt war mit wertvollen Informationen zum Thema Barrierefreies Bauen behilflich. Ferner danke ich Beate Zarges von der Bayerischen Architektenkammer für eine Vielzahl wertvoller Hinweise, Rat und Tat.

CHECKLISTE GRUNDSTÜCKSSUCHE UND BAUPLANUNG

Die folgende, zum Kopieren und zum Gebrauch vorgesehene Checkliste ermöglicht die systematische Definition der eigenen Ansprüche an das Grundstück beziehungsweise das Haus und erleichtert die Bau- und Kostenplanung. Sowohl die allgemeine Strukturierung der Abläufe als auch die konkrete Überprüfung (beispielsweise eines zum Erwerb vorgesehenen Grundstücks) sind damit möglich.

ANFORDERUNGEN AN DAS GESUCHTE GRUNDSTÜCK

Gewünschte Lage (Innenstadt, stadtnah, ländlich/genauer Stadtteil etc.):

....

....

Gewünschte Beschaffenheit der Parzelle (am Hang/auf ebenem Terrain, mit Fernsicht etc.):

....

....

....

Welche Größe muss der Garten mindestens/höchstens besitzen, welche Funktionen sollen erfüllt werden (Terrasse, Spielwiese, ggf. kleiner Teich etc.)?

....

....

....

In welchem Umfang sind auf dem ins Auge gefassten Grundstück ggf. spätere bauliche Erweiterungen möglich und genehmigungsfähig?

....

....

Notwendige Infrastruktur (Kindergarten, Schule, ÖPNV, Einkaufsmöglichkeiten etc.):

....

....

....

DEFINITION DES RAUMBEDARFS

Funktion (Schlafen, Wohnen, Kinde etc.)	Größe/m²	Orientierung/Ausrichtung

WELCHE KONKRETEN ANSPRECHPARTNER MÜSSEN KONSULTIERT WERDEN?

Architekt(in):

....

....

Finanzberater, Rechtsanwälte:

....

....

Baubehörde(n):

....

....

Weitere Stellen (Energieversorger, Stadtwerke etc.):

....

....

....

....

WELCHE FÖRDER- UND ZUSCHUSSMÖGLICHKEITEN KÖNNEN WIR IN UNSEREM FALL NUTZEN?

Art der Förderung	Ansprechpartner	Kontaktdaten

WELCHEN EIGENFINANZIERUNGSANTEIL KÖNNEN WIR TRAGEN, WELCHE MITTEL STEHEN DAFÜR ZUR VERFÜGUNG?

....

....

....

....

....

....

....

....

WELCHE HANDWERKSBETRIEBE KOMMEN FÜR EINE AUFTRAGSERTEILUNG IN FRAGE?

Maurer- und Betonbauarbeiten:

....

....

....

Zimmererarbeiten:

....

....

....

Dachdecker- und Spenglerarbeiten:

....

....

....

Schreinerarbeiten/Innenausbau:

....

....

....

Sanitär- und Heizungsinstallation:

....

....

....

Elektroinstallation:

....

....

....

Weitere:

....

....

....

ABLAUFPLAN PLANUNG, AUFTRAGSVERGABE, BAUABLAUF

Planungsschritt	Zeitpunkt	ggf. abzustimmen mit	ggf. zu genehmigen von
Vorentwurf:			
Entwurf:			
Kostenschätzung:			
Finanzierungsplan:			
Genehmigungsplanung:			
Werkplanung:			
Abschluss der Auftragsvergabe:			
Beginn der Arbeiten:			
Abschluss der Arbeiten:			
Einzugstermin:			
Weiteres:			

EIGENE NOTIZEN

IMPRESSUM

Mix
Produktgruppe aus vorbildlich bewirtschafteten Wäldern, kontrollierten Herkünften und Recyclingholz oder -fasern
www.fsc.org Zert.-Nr. GFA-COC-001575
FSC

Das für dieses Buch verwendete FSC-zertifizierte Papier Profisilk, hergestellt von Sappi, liefert IGEPA Group.

1. Auflage

Umschlaggestaltung: Klaus Meyer, München,
unter Verwendung von Fotos des Autors
Grafische Gestaltung und Herstellung: Susanne Ebersberger/DVA
Lithografie: Helio Repro, München
Druck und Bindung: Offizin Andersen Nexö, Leipzig
Printed in Germany
ISBN: 978-3-421-03594-3

www.dva.de